Marc Bekoff & Jessica Pierce

Hunde ohne Menschen

Ein Gedankenexperiment

Konrad-Zuse-Straße 3 • D-54552 Nerdlen/Daun
Telefon: 06592 957389-0
www.kynos-verlag.de

Aus dem Englischen übersetzt von Christine Schranz
Titel der amerikanischen Originalausgabe: A Dog's World.
Imagining the Lives of Dogs in a World without Humans.

Gedruckt in Lettland

ISBN 978-3-95464-280-9

Bildnachweis: Alle Fotos Marco Adda außer S. 143 Sage Madden;
Cover: Stefan Kirchhoff

Inhaltsverzeichnis

Für Christie Henry

Über die Autoren

Marc Bekoff ist emeritierter Professor für Ökologie und Evolutionsbiologie an der Universität von Colorado, Boulder und hat daneben mehrere populärwissenschaftliche Bücher über Hunde verfasst, darunter *Feldstudien auf der Hundewiese*.
Website: www.marcbekoff.com.

Jessica Pierce ist freie Dozentin an der Fakultät für Bioethik und Geisteswissenschaften an der Universität von Colorado, Denver. Sie hat bereits mehrere Bücher zu Hunden und zur Philosophie der Mensch-Hund-Beziehung verfasst.
Website: www.jessicapierce.net.

I. Das Leben der Hunde in einer menschenfreien Zukunft:

Ein Gedankenexperiment

Ein junger Freigänger sieht sich an, was heute auf dem Menü steht.

Ob auf der Hundewiese, in sozialen Medien oder Gesprächen über unsere vierbeinigen Freunde – regelmäßig amüsieren wir uns darüber, dass es unseren Hunden komplett an „Wildheit" zu mangeln scheint: Rufus jagt ein Eichhörnchen durch den Park; in vollem Tempo und mit dem Gesichtsausdruck eines leidenschaftlichen Jägers erreicht er den Baum … lange nachdem sich das Eichhörnchen in Sicherheit gebraucht hat. Maya jagt einen Hasen, welcher plötzlich einen Haken nach links schlägt, während sie unbeirrt weiter geradeaus läuft, ohne sich des Pfades ihres Opfers auch nur im Geringsten bewusst zu sein. Bella stellt eine bronzene Elchstatue und widmet dieser ein grimmiges Bellkonzert. Poppy schleicht sich an eine Papiertüte heran, die vom Wind den Gehsteig entlanggetragen wird. Dickens weigert sich, zum Pinkeln nach draußen zu gehen, weil es regnet, und der kleine Knut zittert unkontrolliert in seinem kuscheligen Tartanpullover, sobald die Temperaturen unter 15 Grad fallen. Jethro zieht die Rute ein und läuft schnurstracks nach Hause, wenn er ein wildes Tier in den Bergen wittert.

Angesichts derartiger Kapriolen schütteln wir den Kopf. Unsere Vierbeiner können sich glücklich schätzen, dass sie uns haben! „Was", fragen wir sie liebevoll, „würdet ihr nur ohne uns tun?" Aber Spaß beiseite. Wären Hunde ohne einen Menschen, der den Napf mit Futter füllt, Schutz bei Wind und Wetter bietet und verhängnisvolle Fehler verhindert, tatsächlich dem Untergang geweiht? Nachdem wir beide viele Jahre unseres Lebens mit Hunden teilten, deren Überlebensfähigkeiten mitunter zu wünschen übrig ließen, geht uns diese Frage immer wieder durch den Kopf. Unzählige Male haben wir unseren Vierbeinern bereits erklärt, wie sehr sie uns brauchen! Allerdings hatte sich keiner von uns ernsthaft mit der Frage beschäftigt, bis wir über das futuristische Eco-Fantasybuch *Die Welt ohne uns* stolperten. Wissenschaftsjournalist Alan Weisman fordert den Leser auf: „Stellen Sie sich vor, morgen verschwänden wir alle plötzlich von der Welt."[1] In seiner Fantasiewelt ist die Menschheit ausgestorben – alles andere und alle anderen bestehen weiter. Was würde aus Ihrem Haus? Aus der Stadt, in der Sie täglich zur Arbeit hetzen; aus dem Supermarkt, dem Fitnesscenter und dem Restaurant an der Ecke? Aus dem Ökosystem rund um die Stadt? Aus dem Planeten, wenn dieser frei vom intensiven Druck menschlicher Besatzung wäre? Und was, dachten wir beide, würde aus den Hunden?

Weismans Buch regte unsere Fantasie an: Wie sähe ein Hundeleben auf einem menschenfreien Planeten aus? Je mehr wir darüber nachdachten, desto mehr fragten wir uns, ob wir unsere eigenen Hunde unterschätzt

1 Weisman, *World without Us*, S. 5.

hatten. War es wirklich so unwahrscheinlich, dass manche oder sogar viele in einer Welt ohne Menschen überlebten und es sogar richtig gut hätten? Wir betrachteten Weismans Gedankenexperiment aus der Hundeperspektive und stellten uns wilde Landschaften vor, in welchen es von Vierbeinern nur so wimmelte.

Hunde spielen in Weismans futuristischem Szenario kaum eine Rolle. Die liegt vielleicht ganz einfach daran, dass er sich auf andere Dinge konzentriert – oder geht er davon aus, dass unser Partner mit der kalten Schnauze keine vielversprechende Zukunft hätte? In einem der wenigen Kommentare zum Haushund stellt er sich vor, dass – zumindest in Manhattan – „wilde Raubtiere den Nachkommen der Familienhunde den Garaus machen", während „eine durchtriebene Population wilder Hauskatzen" sich durch das Fangen und Fressen von Staren durchschlägt.[2] (In der Biologie beschreibt der Begriff „Population" alle Individuen einer Art, die im selben geografischen Gebiet leben und die Möglichkeit haben, sich untereinander fortzupflanzen.) Der springende Punkt scheint zu sein, dass Hunde ohne uns nicht überleben könnten bzw. würden. Aber ist die Geschichte des posthumanen Vierbeiners wirklich so simpel und zugleich so tragisch? Wir sind anderer Meinung.

Hunde ohne uns

Als wir über dieses Buch nachzudenken und zu recherchieren begannen, achteten wir zunehmend auf Gespräche à la „mein Hund wäre ohne mich nicht überlebensfähig" und begannen, uns Notizen zu machen. Wir waren überrascht, wie oft wir Menschen über die Überlebenschancen unserer Haustiere philosophieren. Wir fragten Freunde und Fremde, was ihrer Meinung nach in einer posthumanen Welt aus ihrem eigenen und andererseits aus Hunden im Allgemeinen würde. Allem amüsierten Kopfschütteln angesichts des unverbesserlich un–wilden Verhaltens ihres eigenen Hausgenossen zum Trotz gestanden viele den Hunden im Allgemeinen durchaus Überlebenschancen zu. Anbei einige der Antworten:

„Die Hunde wären komplett aufgeschmissen!"
„Sie würden das schon hinkriegen. So sehr brauchen sie uns nicht."
„Border Collies und Schäferhunden ginge es gut, aber Chihuahuas hätten keine Chance."

2 Ebenda, 44.

„Kleine Hunde würden besser zurechtkommen – sie sind furchtloser und zäher als große!"
„Große Hunde hätten definitiv einen Vorteil, weil sie sich besser verteidigen können."
„Früher oder später wären alle mittelgroß."
„Die Hunde würden wieder zu Wölfen."
„Sie würden wie die Dingos in Australien sein."
„Hunde mit ‚wilden' Instinkten und Fähigkeiten hätten es leichter als verwöhnte Haustiere."
„Sie würden lernen, zu überleben, auch wenn die Bedingungen schwierig wären. Wie die Hunde in der Sperrzone von Tschernobyl[3]!"

Während wir die unterschiedlichsten Antworten hörten, kam doch so manches Thema immer wieder auf. Viele sind der Meinung, dass die Größe ein wichtiger Faktor im Hinblick auf die Erfolgsaussichten in einer menschenfreien Zukunft ist – jedoch ist man sich nicht einig, *welche* Größe am vorteilhaftesten wäre. Auch Beutetrieb und Fähigkeiten wie Anschleichen und Jagen wurden immer wieder als plausible Eckpfeiler des Überlebens erwähnt. Frühere Lebenserfahrungen, zum Beispiel eine gewisse Zeit als Streuner, wurden für vorteilhaft befunden. Viele Befragte erwähnten die Persönlichkeit eines individuellen Hundes: Ein selbstsicherer, furchtloser Hund hätte bessere Chancen als ein ängstlicher, übervorsichtiger oder nervöser.

Ob Wissenschaftler und andere Menschen, die sich hauptberuflich mit dem Studium von Hunden beschäftigen, wohl ebenso unterschiedliche Intuitionen haben? Der 2018 im *Time*-Magazin erschienene Artikel „How Dogs Would Fare Without Us" liefert Hinweise auf die Antwort. Wissenschaftsautor Markham Heid wagt sich an die hypothetische Frage zum Thema Hunde-ohne-Menschen heran: Was, wenn ein verwöhnter Familienhund plötzlich sich selbst überlassen wäre?[4] Heid vermutet, dass Katzen selbstständig und geschickt genug wären, um ohne Menschen zu überleben. Viele Hunde hingegen, meint er, wirken „im Konkurrenzkampf mit größeren Säugetieren um Futter und Ressourcen stark benachteiligt." Kann es sein,

3 Jonathon Turnbull, ein Student an der Universität Cambridge, der „die wieder erwachende Ökologie Tschernobyls" erforscht und sich dabei auf Hunde konzentriert, erklärte uns, dass es sich nicht um eine karge Landschaft handle, in der Hunde völlig auf sich allein gestellt wären. Telefongespräch vom 23. April 2020.

4 Heid, „How Dogs Would Fare without Us," 60–65.

fragt er, dass nach tausenden Jahren Domestizierung „die gesamte Art ihre Selbstständigkeit verloren hat?"[5]

Heid bittet verschiedene Experten, seine Frage zu beantworten. Dabei handelt es sich um erste wissenschaftliche Spekulationen zu den Überlebenschancen der Hunde und zugleich um eine Vorschau auf die Themen, mit denen wir uns in diesem Buch auseinandersetzen wollen. Die meisten trauen den Hunden durchaus zu, die Menschheit zu überdauern – auch wenn sie sich nicht darüber einig werden, welche Hundetypen überleben und welche Merkmale besonders anpassungsfähig wären.

Als erstes interviewt Heid Alan Weisman, den Autor von *Die Welt ohne uns*. Weisman ist zwar pessimistisch, was das zukünftige Überleben der Hunde betrifft, kann sich jedoch eine nuancenreichere Hundezukunft vorstellen, als er sie in seinem Buch beschreibt. „Hunde sind nicht besonders gut darin, sich allein durchzuschlagen", erklärt er, „weil wir den Jagdinstinkt aus ihnen herausgezüchtet haben." Die meisten, glaubt Weisman, würden nicht überleben. Dies gelte besonders dann, wenn sie direkt mit wilden Tieren wie Wölfen und Kojoten konkurrieren müssten. „Das Wildtier", ist Weisman überzeugt, „gewinnt immer."[6]

Im Gegensatz dazu erklärt Mark Derr, der Autor von *How the Dog Became the Dog*, dass die Hunde nach einer kurzen Bevölkerungsdezimierung ganz gut dastünden. Nicht nur könnten sie sich untereinander frei fortpflanzen, sie könnten ihre Gene auch mit denen von Wölfen und Kojoten mischen: „Ein sexdurstiger Wolf würde einem willigen Hund nicht die kalte Schulter zeigen."[7] Kleine Hunde könnten zwar Raubtieren zum Opfer fallen, hätten aber auch Vorteile: Der Futterbedarf ist geringer, und kleine Tiere können enge Öffnungen und Spalten nutzen, um sich in Sicherheit zu bringen. Darüber hinaus können kleine Hunde auch unglaublich mutig und rauflustig sein. Derr erwähnt den „wilden" Rat Terrier, der „kleine Wildtiere erbeuten und fressen würde und so ganz gut über die Runden käme."[8] Anfangs würden sich Hunde zu Gruppen zusammenschließen, um Futter aufzutreiben. Diese Allianzen wären vermutlich weniger strikt und beständig als Wolfsrudel und würden locker strukturierten Kojotengruppen gleichen. Nachdem Hunde gut darin sind, Gruppen zu bilden, wären sie vielleicht bereit, mit Katzen zu kooperieren – vielleicht würden sie mit diesen zusammenarbeiten, um größere Beutetiere zu ermüden und auszutricksen. Ein weiterer Vorteil

5 Ebenda, 60.
6 Ebenda, 64.
7 Ebenda, 64.
8 Ebenda, 63.

ist die Tatsache, dass Hunde Gelegenheitsfresser sind und „Genießbarkeit" sehr breit definieren. Die natürliche Auswahl würde eine große Rolle spielen und im Laufe der Zeit einen „jagdhundartigen Pitbull-Typ von 20 bis 30 kg hervorbringen."[9] Manche Hunderassen wären aufgrund ihrer Morphologie (ihrer physischen Form) dem Ende geweiht. Derr erwähnt Bulldoggen: Sie können nicht natürlich werfen, weil die Köpfe der Welpen zu groß für den Geburtskanal sind – ein Resultat menschlicher Zuchtpraktiken. „Sofern die Bulldoggen nicht lernen, Kaiserschnitte durchzuführen, kann ich mir nicht vorstellen, wie sie überleben würden."[10]

Raymond Pierotti (er und Brandy Fogg sind die Autoren des Buches *The First Domestication: How Wolves and Humans Coevolved*) spekuliert in Heids Interview, dass sowohl außergewöhnlich große als auch kleine Hunde Schwierigkeiten hätten. Riesenrassen wie Mastiffs, Neufundländer und Bernhardiner würden „wahrscheinlich bald aussterben, weil ihre Organe im Verhältnis zur Körpermasse zu klein sind." Außerdem seien große Hunde „zu schwerfällig, um erfolgreich zu jagen." Sehr kleine Hunde hingegen liefen Gefahr, zum Nachtmahl eines Feindes zu werden. Hunde mit nahen Wolfsvorfahren wie Malamutes, Huskies und Akitas „würden wahrscheinlich am besten durchkommen." Die Rüden dieser wolfsnahen Rassen zeigen bis heute väterliches Brutpflegeverhalten, wie es auch bei Wölfen vorkommt, während dies bei Familienhunden im Allgemeinen großteils verschwunden ist. Auch Rassen wie der Border Collie, der Australian Shepherd und manche Jagdhunde, die bis heute über „das Jagdgeschick ihrer Vorfahren" verfügen, hätten einen Vorteil.[11]

Marc Bekoff, einer der Autoren dieses Buches, vermutet, dass die Rasse nicht ausschlaggebend ist. Wichtiger könnten die Intelligenz und die Fertigkeiten individueller Hunde sein. „Manche sind gute Jäger", stellt er fest, „manche sind ausgezeichnete Futtersucher und andere sind richtig schlau und geschickt darin, sich auf der Straße durchzuschlagen."[12] Wie zukünftige Hunde aussehen? Das lässt sich nicht sagen, meint Bekoff. Es ist unwahrscheinlich, dass sie ihren Vorfahren ähneln oder wolfsartig würden – dies würde stärkeren selektiven Zuchtdruck erfordern. Genauso wenig würden die Hunde zu Wolfshunden oder Coywölfen, da dies „über längere Zeit hinweg wiederholte Kreuzungen von Hunden und Wölfen oder Hunden und

9 Ebenda, 65.
10 Ebenda, 62.
11 Ebenda, 62.
12 Ebenda, 63.

Kojoten erfordert. Dies halte ich für unwahrscheinlich." Stattdessen, schließt er, würden wir „neue und größere Variabilität in *Canis familiaris*" sehen.[13]

Auch könnten posthumane Hunde weniger Nachkommen haben, indem sie – wie Wölfe und Kojoten – ihre jährlichen Fortpflanzungszyklen von zwei auf einen reduzierten. Im Laufe einiger menschenfreien Generationen könnte sich die Sozialstruktur der Hundegesellschaft der hierarchischen und stabilen Struktur des Wolfsrudels nähern: „Ich glaube, Hunde würden in Gruppen aus höher- und niederrangigen Tieren leben."[14] Und während Hunde Beute jagen, würden sie auch Futter am Boden suchen und an von anderen großen Raubtieren erlegten Beutetieren mitnaschen.

Besonders interessant an Markham Heids Artikel sind die Vielfalt der Antworten und die unzähligen denkbaren Faktoren, die ein Überleben beeinflussen könnten. Posthumane Hunde sind nicht nur insofern auf sich allein gestellt, als dass sie weder Trockenfutter noch veterinärmedizinische Betreuung erhalten. Sie müssen sich auch in komplexen Ökosystemen zurechtfinden, mit denen sie mitunter kaum vertraut sind, und mit Artgenossen und anderen Tieren koexistieren, kooperieren und konkurrieren.

Unsere Intuition deckt sich mit der von Markam Heids Experten. Wir sind der Meinung, dass Hunde in einer Welt ohne Menschen überleben und sogar richtig gut zurechtkommen würden – und zwar weil sie in ihrem Verhalten flexibel, anpassungsfähig und opportunistisch sind. (In der Biologie gelten Organismen dann als opportunistisch, wenn sie mit einer großen Bandbreite an Umweltbedingungen zurechtkommen und sich günstige Umstände rasch zunutze machen). Außerdem gibt es bereits heute Beweise dafür, dass Hunde selbstständig leben können. In der Tat führt nur ein kleiner Prozentsatz der geschätzten Milliarde Vierbeiner, die die Welt bevölkern, ein Familienhundeleben. Die meisten halten sich nicht bzw. nur hin und wieder in Häusern oder Wohnungen auf. Sie leben unabhängig und nutzen unsere Abfälle als Nahrungsquelle, ohne jedoch auf unsere soziale Ansprache und Gesellschaft, Tierärzte, emotionale Unterstützung und kognitive Stimulation angewiesen zu sein. Die Vorstellung, dass Hunde von unserer Hilfe und Fürsorge abhängen und nur unter unserer Aufsicht gedeihen können, ist möglicherweise ganz einfach falsch.

Die Frage, die uns am brennendsten interessiert, hat nicht mit dem Überleben an sich zu tun, obwohl wir natürlich in Betracht ziehen, wer überlebt, wer nicht, und wieso. Der spannendste Punkt ist jedoch, *wohin* sich unsere Hunde entwickeln – *zu wem sie werden* – wenn wir nicht zugegen sind.

13 Ebenda, 64.
14 Ebenda, 64.

Ein evolutionäres Gedankenexperiment

Dieses Buch ist ein Gedankenexperiment zu Überleben und Evolution der Hunde in einer menschenfreien Zukunft. Als solches fällt es in den Bereich der spekulativen Biologie – ein Feld, in welchem Wissenschaftler Prognosen zum Verlauf der Evolution stellen. Im Allgemeinen setzen derartige Gedankenexperimente bei folgender Frage an: „Was wäre, *wenn* ...?" Zum Beispiel: Was wäre passiert, *wenn* vor 65 Millionen Jahren kein Meteoriteneinschlag die Dinosaurier ausgerottet hätte? (Hätte sich der Mensch jemals entwickelt?) Unser Experiment in diesem Buch lautet: „Was würde aus den Hunden, *wenn* die Menschen verschwänden?"

Stellen Sie sich vor: Nach circa 20 000 Jahren kommt die Domestizierung abrupt zum Stillstand und die Hunde beginnen, zu verwildern. Wie sehen sie aus, wenn der Mensch nicht mehr direkt in die Zucht eingreift? Wie schnell verschwinden maladaptive, d. h. evolutionär nachteilige Eigenschaften wie verkürzte Schnauzen, wenn die natürliche Auswahl die „künstliche" Zuchtauslese ersetzt? Was fressen Hunde, wenn ihnen weder Trockenfutter noch anthropogene (vom Menschen generierte) Müllhalden zur Verfügung stehen? Bilden Hunde Gruppen? Falls ja – sind diese in Größe und sozialer Struktur mit Wolfsrudeln vergleichbar? Wie verändern verwilderte Hunde das Ökosystem ihrer Umgebung?

Hier sind einige unserer ersten Spekulationen über eine posthumane Zukunft. Jedem dieser Punkte ist weiter hinten im Buch ein detailliertes Kapitel gewidmet.

- Es ist unwahrscheinlich, dass die Entwicklung des posthumanen Hundes diesen wieder zum Wolf macht: Das Verschwinden des Menschen ist keine Zeitreise in die Vergangenheit. Der Domestizierungsvorgang kann nicht bis zur ersten zaghaften Annäherung von Wolf und Mensch zurückgespult werden. Posthumane Tiere werden völlig – oder zumindest großteils – *anders* sein. Allein schon ihre ökologische Nische unterscheidet sich stark von der ihrer Vorgänger: Der bedeutendste Unterschied ist, dass in der neuen Nische keine menschlichen Futterquellen zur Verfügung stehen – und gerade diese waren möglicherweise ausschlaggebend für die ursprüngliche Evolution des Haushundes.

- Wir züchten Hunde mit bestimmten physischen Eigenschaften. Darunter finden sich Form und Position der Ohren, Länge der Rute, Fellfarbe und -struktur. Auch bestimmte Verhaltenseigenschaften wie eine Tendenz zu Freundlichkeit, Trainierbarkeit und rassespezifische Talente wie Vorstehen, Apportieren, Hüten und Bewachen werden von uns forciert. Bis heute wird die Zuchtauslese von unserem Interesse an Aussehen („Schönheit") bzw. Nützlichkeit (für den Menschen) bestimmt. Manche der hervorgezüchteten körperlichen Eigenschaften und Verhaltensmerkmale könnten den Hunden auch außerhalb des Kontexts der Hund-Mensch-Beziehung gelegen kommen. Andere hingegen sind eindeutig maladaptiv.

- Die Körpergröße ist zwar ein Faktor im Überleben, jedoch ist keine *bestimmte* Statur besser als alle anderen. Je nach lokalen Bedingungen, Ressourcen und anderen Tieren, die den Lebensraum teilen, ist es vorteilhaft, ein kleiner, großer oder mittelgroßer Hund zu sein.

- Unter Umständen werden posthumane Hündinnen nur einmal jährlich läufig. (Haushunde hingegen haben zumeist zwei jährliche Fortpflanzungszyklen.)

- Manche Hunde paaren sich mit Wölfen und Kojoten.

- Maladaptive Phänotypen wie kurze Schnauzen verschwinden schnell. (Unter dem Phänotyp verstehen wir das Erscheinungsbild eines Tieres.)

- Posthumane Hunde stehen vor neuen Herausforderungen im Zusammenhang mit Nahrungsbeschaffung und Sicherheit. Innovation ist einer der wichtigsten Schlüssel zum Erfolg.

- Das Verhalten der heutigen Freigänger erlaubt uns, Vorhersagen zum Verhalten posthumaner Hunde zu treffen – zumindest, was den Beginn ihrer menschenfreien Existenz betrifft. (Unter Freigängern verstehen wir Hunde, die unter Umständen ein Zuhause haben, sich jedoch frei in der Welt bewegen.)

- Hunde passen sich erfolgreich an verschiedenste Ökosysteme an.

Die spekulative Biologie beschäftigt sich damit, was sein könnte. Während Querdenken und Fantasie gefragt sind, ist sie dennoch in der Evolutionstheorie verankert. Sie bleibt existierenden Daten treu und beschränkt sich nach Möglichkeit auf wissenschaftlich realistische Szenarien. Auf unserer gedanklichen Reise in eine posthumane Zukunft tauchten wir tief in die Verhaltensbiologie der *Canidae* und anderer sozial lebender Raubtiere ein. Besonders stark verlassen wir uns auf die wachsende wissenschaftliche Datenbank zur Verhaltensbiologie heutiger Hunde – darunter Millionen Freigänger und verwilderte Hunde, die rund um die Welt schon heute menschenunabhängig leben.

Unser wissenschaftliches Verständnis zum Thema Hund ist über die letzten fünf Jahrzehnte sprunghaft angestiegen. Allerdings lässt sich der Großteil unseres Wissens auf kontrollierte Studien im Labor zurückführen – sozusagen auf die Forschung an Hunden in Gefangenschaft. Diese ist zweifellos nützlich und stellt eine Basis unserer Arbeit dar. Jedoch stammen so manche der faszinierendsten Erkenntnisse – besonders im Zusammenhang mit unserem Gedankenexperiment – von der Handvoll Menschen rund um die Welt, die das Verhalten und die Sozialökologie von Freigängern erforschen.

Es ist nicht einfach, Freigänger zu beobachten. Oft haben sie große Streifgebiete. Sie kommen und gehen; die Sterblichkeitsrate ist hoch (und hängt in der Regel mit Menschen zusammen). Sie sind in der Morgen- und Abenddämmerung oder nachts aktiv, was das Beobachten erschwert. Das Forschungsfeld kann auch insofern undankbar sein, als dass Freigänger oft als „wilde", tollwütige Schädlinge abgestempelt werden. Sie gelten weder als Wildtiere (biologisch interessant) noch als unsere Gefährten (interessant, weil wir sie lieben), sondern als Grenzgänger in der Unterwelt zwischen wild und domestiziert. Die Forschung wird oft kritisiert, weil sie „nur" auf Beobachtungen beruhe und weniger rigoros kontrolliert sei als eine Studie im Labor. Ein Feldforscher erzählte uns, dass er immer wieder von Kollegen ausgelacht werde, weil er nichts weiter täte, als derartige Hunde zu beobachten und seine Ergebnisse nicht kontrolliert und damit wertlos seien.

Allen Vorurteilen zum Trotz kann uns die Forschung an Freigängern helfen, zu verstehen, wer Hunde eigentlich sind und wie sie sich in der Welt zurechtfinden. Mitunter ist sie aussagekräftiger als Studien im Labor. Ein Beispiel: In Gefangenschaft spielen Rüden nur selten eine Rolle in der Welpenaufzucht. Daraus lässt sich jedoch nicht schließen, dass posthumane Hunde keine guten Väter sind bzw. nicht an der Brutpflege mitwirken. Unter

Umständen tun sie dies sehr wohl! Wie Stephen Spotte in seiner umfassenden Analyse des Verhaltens von Freigängern, *Societies of Wolves and Free-ranging Dogs*, feststellt: „Das Fehlen eines phänotypischen Sozialverhaltens in Gefangenschaft allein beweist nicht, dass dieses ausgestorben ist. Darum sind Freigänger besonders interessante Studienobjekte."[15]

Wo sollten wir nach Antworten auf unsere Fragen zu den Fruchtbarkeitszyklen und anderen Verhaltensweisen posthumaner Hunde suchen? Nicht an Orten, an denen unzählige Hunde reproduktiv neutralisiert werden, sondern vielleicht eher in der „Dritten Welt der Hunde"! Ironischerweise können wir vielleicht gerade dort am meisten lernen, wo viele Hunde keine Haustiere sind. Ist es möglich, dass gerade die Hunde, die es heute „am besten haben" – jene Vierbeiner, die verwöhnt und gefeiert werden, Kaviar speisen und auf Memory-Foam-Matratzen schlafen – in einer posthumanen Welt die geringsten Überlebenschancen hätten?

Stellen wir uns eine posthumane Zukunft für den „besten Freund des Menschen" vor, erhaschen wir neue Einblicke in dessen menschenunabhängige Identität. Wer sind Hunde fernab ihrer kulturellen Rolle als gehorsames (oder nicht so gehorsames) Haustier, Arbeitstier, Therapeut, Mülltaucher und Streuner? Darüber hinaus stellen wir die Frage, wohin sich die Hunde entwickeln, wenn wir uns nicht mehr in Fortpflanzung und Verhalten einmischen.

Zeitliche Horizonte und das Ausmaß des Verlustes

Wir stehen kurz davor, zu erkunden, wie ein Hundeleben aussieht, wenn wir die Bühne verlassen. Dabei wollen wir davon ausgehen, dass *alle* Menschen zugleich verschwinden – von heute auf morgen. Wir hinterlassen den Planeten so, wie er ist: bewohnbar, aber vom Anthropozän gezeichnet. „Posthuman" bedeutet also: Es gibt keine Menschen mehr. Dabei handelt es sich natürlich um ein fiktives Szenario. Abgesehen von einer massiven planetarischen Katastrophe – etwa einem alle Lebensformen auslöschenden Meteoriteneinschlag – ist es unwahrscheinlich, dass menschliches Leben plötzlich und vollständig verschwindet. Der Klimawandel wird sich weiterhin auch auf nicht-menschliche Arten auswirken, ganz gleich, ob wir an- oder abwesend sind. Aufgrund seiner Komplexität lässt sich schwer vorhersagen, wie verschiedene Ökosysteme in zehn, fünfzig, hundert, tausend oder mehr Jahren

15 Spotte, *Societies of Wolves and Free-ranging Dogs*, 192.

aussehen werden. Darum sparen wir das Thema Klimawandel weitgehend aus.

Eine wichtige Variable ist der Zeitpunkt, zu dem wir den Blick auf die Überlebenschancen der Hunde richten. Am ersten Tag nach unserem Verschwinden sehen die Dinge völlig anders aus als ein, hundert, tausend oder zehntausend Jahre, nachdem der letzte Mensch die Erde betreten hat. Je größer der zeitliche Abstand vom Anthropozän, desto stärker sind die verbliebenen Hunde der natürlichen Selektion unterworfen. Wer unmittelbar nach unserem Verschwinden lebt, spürt noch die Auswirkungen menschlicher Zuchtauslese auf Körperbau und Größe, Fell, Schädelform sowie andere physische Merkmale und Verhaltensweisen. In den ersten zwölf bis fünfzehn Jahren nach dem Tag X gibt es zudem Hunde, die ein Zusammenleben mit dem Menschen kennen und in der Vergangenheit zu unterschiedlichen Graden auf uns und die anthropozäne Umgebung angewiesen waren. Unsere Abwesenheit wird von diesen Hunden stärker wahrgenommen als von späteren Generationen. Ist selbst der letzte Mensch verschwunden, beginnen sie zu verwildern, werden dann zu Wildtieren und entwickeln sich schließlich in neue Arten weiter oder sterben aus.

Um die Bedeutung des zeitlichen Rahmens zu betonen, unterscheiden wir zwischen Übergangshunden, *Hunden erster Generation* und *Hunden späterer Generationen*. *Übergangshunde* erleben unser Verschwinden mit; sie hatten direkten Menschenkontakt. *Hunde erster Generation* stammen von Müttern ab, die Menschenkontakt hatten. Circa fünfzehn Jahre nach dem Tag X gibt es keine Übergangshunde, dreißig Jahren danach auch keine Hunde erster Generation mehr: *Hunde späterer Generationen* sind ganz und gar posthuman.

Lohnt es sich, über eine menschenfreie Zukunft nachzudenken?

Die Vorstellung einer Zukunft fern des Menschen ist mehr als ein interessantes biologisches Gedankenexperiment. Vielmehr – und darin liegt ihr größter Nutzen und unsere Motivation, dieses Buch zu schreiben – macht sie uns bewusst, wer unsere Gefährten tatsächlich sind und wo die moralischen Konturen der Mensch-Hund-Beziehung liegen.

Terminologie posthumaner Hunde

Übergangshunde: erleben unser Verschwinden mit; sie hatten ein gewisses Maß an Menschenkontakt. Nach circa fünfzehn Jahren gibt es keine Übergangshunde mehr.
Hunde erster Generation: stammen von Müttern ab, welche Menschenkontakt hatten. Nach circa dreißig Jahren gibt es keine Hunde erster Generation mehr.
Hunde späterer Generationen: ganz und gar posthuman.

Vielleicht beginnen wir, gewisse kulturelle Annahmen („Streuner sind hungrig, einsam und unglücklich" oder „Der Hund ist der beste Freund des Menschen") in Frage zu stellen. Und was noch wichtiger ist: Unser Gedankenexperiment kann Hundeliebhabern die Antwort auf eine unserer brennendsten Fragen näher bringen: Was heißt es, einem vierbeinigen Gefährten ein gutes Leben zu bieten? Und vor allem: Wie kann ich *meinem* Hund das bestmögliche Leben – ein Leben reich an Erfahrungen, Zufriedenheit und Freude – ermöglichen?

Wir beide verbringen im Rahmen unserer beruflichen Laufbahn unzählige Stunden im Gespräch mit „Hundemenschen" (Hundeliebhaber, -halter und Tierschutzaktivisten) und diskutieren darüber, wie sich ein friedliches Zusammenleben am besten einrichten ließe. Ein immer wiederkehrendes Thema ist, dass Hunde einfach nur Hunde sein wollen. Sie ihren natürlichen Verhaltensweisen nachgehen zu lassen setzt jedoch voraus, dass wir verstehen, was es heißt, ein Hund zu sein – eine komplexe Frage, die sich gar nicht so leicht beantworten lässt. Könnten wir der Lösung näherkommen, indem wir Menschen außer Acht lassen? Ein naheliegender Einwand ist: „Unmöglich! Hunde sind nur darum Hunde, weil sie mit uns zusammenleben. Ihr Daseinszweck ist, unsere Helfer und treue Begleiter zu sein." Ist dies jedoch tatsächlich die Lebensaufgabe eines Hundes? Ist nicht vielmehr diese Annahme mit ein Grund dafür, dass es uns so schwerfällt, die Identität der Hunde zu verstehen?

Zukunftsszenarien, in welchen Hund und Mensch nicht mehr miteinander verbunden sind, eröffnen neue Blickwinkel auf unsere heutigen Werte und Pflichten. Es mag auf den ersten Blick wenig intuitiv erscheinen, jedoch kann uns die Arbeit an einem Buch über eine menschenfreie Zukunft dabei helfen, eine dringliche Frage zu beantworten: „Wie können wir unseren Hunden das bestmögliche Leben in einer Welt *mit* uns bieten?"

Im nächsten Kapitel legen wir das Fundament für unser Gedankenexperiment: Wohin entwickeln sich die Hunde ohne unseren Einfluss? Wir versuchen zu verstehen, wer sie heute sind und woher sie kommen. Was wissen Wissenschaftler über die Ursprünge des modernen Haushundes? Wie stark ist dieser von uns abhängig, und inwiefern hat direkte menschliche Manipulation die Art überhaupt erst „geschaffen"? Was wir herausfinden, wird zur Basis unsere Spekulationen zu posthumanen Hundewelten.

2. Der Status quo der Hunde

Eine erwachsene Freigängerin kümmert sich um einen am Strand zurückgelassenen Welpen (nahe dem Dorf Batu Bolong).

Verschwindet der Mensch, so lässt er nahezu eine Milliarde Hunde zurück. Wer sind diese Tiere und wie sehen ihre natürlichen Verhaltensweisen und Lebenszyklusstrategien (an ihre jeweiligen Habitate angepassten Lebensweisen) aus? Wie stark hängt ihr Überleben vom Menschen ab? Wir werden feststellen, dass sich dies gar nicht so leicht beantworten lässt. Die Vielfalt vorstellbarer Hundewelten ist enorm, und Tiere machen sich menschliche Lebensräume auf unterschiedlichste Art und Weise zunutze. Dazu kommt, dass unsere Datenpunkte zu Anpassungspotenzial und Verhaltensflexibilität der Hunde überraschend dünn gesät sind. Bevor wir uns in den Kapiteln 3 bis 6 in die Frage vertiefen, was aus den unzähligen posthumanen Hunden wird, wollen wir uns mit dem Status quo vertraut machen: Wer sind die Vierbeiner heute? Inwiefern sind sie vom Menschen abhängig? Welche Strategien setzen sie ein, um in der Welt zurechtzukommen? Die Antworten helfen uns einzuschätzen, wie es ihnen ohne uns erginge und wohin sie sich angesichts eines veränderten Evolutionsdrucks entwickeln könnten.

Der Stammbaum der Hunde

Lassen Sie uns einen Blick nicht auf die individuellen Hunde in unserem Leben werfen – zum Beispiel auf den strubbeligen Vierbeiner, der sich neben Ihnen auf der Couch zusammenrollt oder ungeduldig versucht, Sie zu überzeugen, das Buch wegzulegen und Frisbee zu spielen. Stattdessen wollen wir Hunde aus der Perspektive eines Biologen oder Zoologen betrachten, welcher diese im weiten Feld der Lebewesen verortet, die im Laufe der Evolution auf der Erde entstanden. Wer sind Hunde als Tiere? Diese Übung mag einfach erscheinen. Weiß nicht jeder Volksschüler, dass ein Hund ein Säugetier mit vier Beinen, zwei Augen, einer höchst aktiven Nase und einer Art von Rute ist? Es wird Sie überraschen, zu erfahren, wie wenig wir über unsere besten Freunde tatsächlich wissen.

Wie definiert ein Zoologe die Art „Hund" im Tierreich? Nun, vielleicht zieht er diesen einfach *gar nicht* in Betracht. In der Wissenschaft besteht eine Tendenz, Hunde nicht als Teil der natürlichen Taxa zu sehen. So werden sie oft nicht in biologische Klassifikationen aufgenommen und kaum in zoologischen Fachbüchern erwähnt. Luka Hunters *Carnivores of the World* zum Beispiel erwähnt den Haushund kein einziges Mal, und obwohl Hunde in José Castellós einflussreichen *Canids of the World* vorkommen, so ist ihnen nur ein ein kurzer Absatz gewidmet. Im phylogenetischen Baum der Kaniden fehlen sie.[16] (Ein phylogenetischer Baum oder Kladogramm ist ein Diagramm, welches die evolutionären Beziehungen verschiedener Arten veranschaulicht.) Die Unsichtbarkeit der Hunde mag verblüffen, lässt sich aber dadurch erklären, dass phylogenetische Bäume üblicherweise nur „wilde" bzw. durch natürliche Selektion entstandene Tiere kategorisieren. Richtig oder nicht gelten Hunde nun mal traditionell als menschengemachte Artefakte; als Produkte künstlicher Selektion (siehe Grafik S. 28).

Sofern Hunde überhaupt in den phylogenetischen Baum aufgenommen werden, finden wir sie unter *Carnivora* (großteils fleischfressende Prädatoren), einer Ordnung der *Mammalia* (Säugetiere). Die *Carnivora* werden in zwei Unterordnungen eingeteilt: *Caniformia* (darunter die Hunde) und *Feliformia* (unter anderem Katzen). Hunde gehören zur Familie der *Canidae*, „einer morphologisch vielfältigen Familie hundeartiger Raubtiere"[17]. Diese umfasst sechsunddreißig rezente (heute lebende oder erst vor Kurzem ausgestorbene) Arten.[18] Hunde gehören gemeinsam mit Wölfen, Kojoten und Schakalen der Gattung *Canis* an (siehe Grafik S. 29).

Die Wissenschaftler sind sich nicht darüber einig, ob Hunde als *Canis familiaris* – ein Name, der Hunde und Wölfe unterschiedlichen Arten zuordnet – oder *Canis lupus familiaris* – eine Bezeichnung, die den Hund als Unterart des Wolfes sieht – klassifiziert werden sollten. Heute ist *Canis lupus familiaris* die bevorzugte Nomenklatur, welche auch wir verwenden.

Hunde haben keine Unterarten, jedoch eine Vielzahl verschiedener Rassen. „Rasse" ist keine taxonomische Bestimmung, sondern ein vage definierter Begriff dafür, wie wir Menschen Gruppen domestizierter Tiere – darunter auch Hunde – kategorisieren. Im Allgemeinen versteht man unter einer Rasse eine Gruppe domestizierter Tiere, die bestimmte Verhaltensweisen oder physische Eigenschaften gemeinsam haben, welche sie von anderen Gruppen derselben Tierart unterscheiden.

Ein Blick auf den evolutionären Hintergrund des Stammbaums liefert uns erste Hinweise darauf, wie es den Hunden in einer menschenfreien Zukunft

16 Michael Fox' 1975 erschienenes Buch *The Wild Canids* ist eine bemerkenswerte Ausnahme: Er widmet Freigängern ganze zwei Kapitel. David Macdonalds und Claudio Sillero-Zubiris *The Biology and Conservation of Wild Canids* enthält zwar kein Hundekapitel, erwähnt den „Haushund" jedoch mehrmals in einem Kapitel über Infektionskrankheiten. Er findet also zumindest einen Platz im Index.

17 Wayne und O'Brien, „Allozyme divergence within the Canidae", 339.

18 Über die genaue Anzahl der Kanidenarten sind sich die Wissenschaftler nicht einig. Castellós *Canids of the World* zählt siebenunddreißig rezente Kanidenarten auf. Andere Quellen beschränken sich auf vierunddreißig.

erginge. Weitere Indizien finden sich in den körperlichen Eigenschaften und Verhaltensmerkmalen der Kaniden.

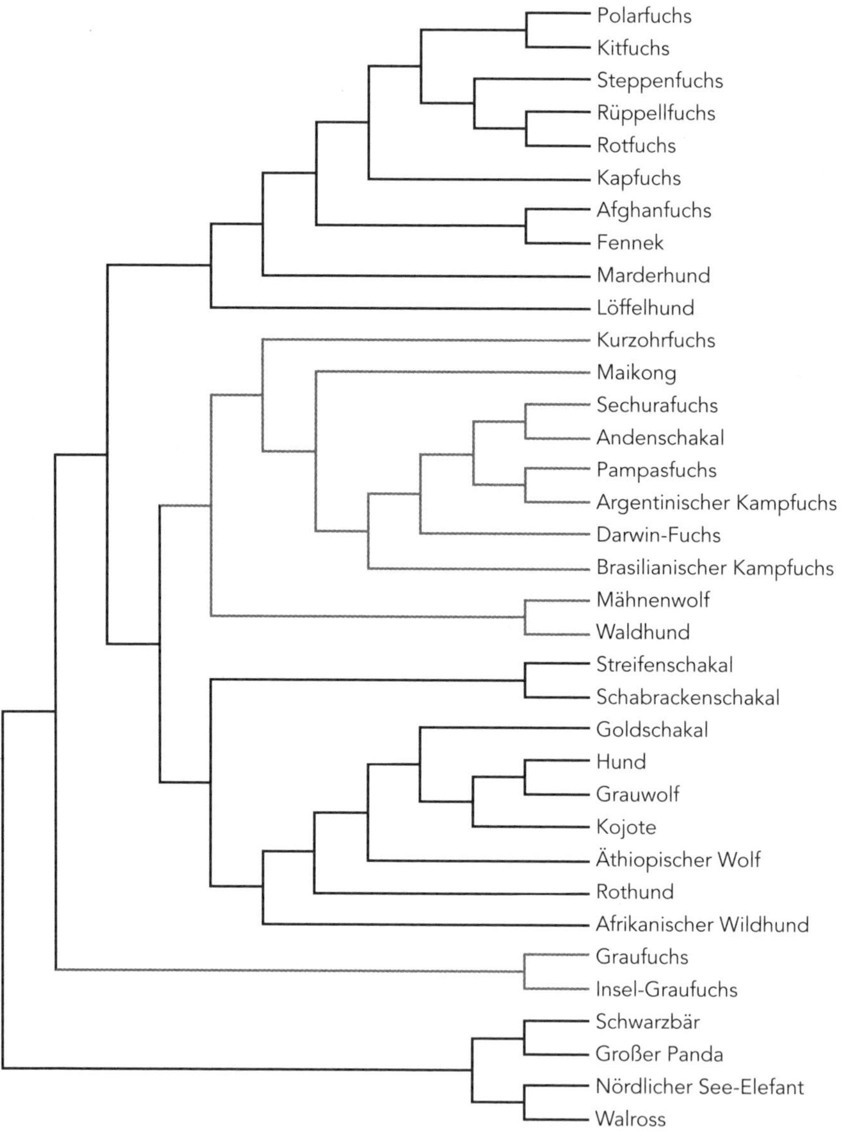

Phylogenetischer Baum der Kaniden. Abgeändert von K. Lindblad-Toh, C. Wade, T. Mikkelsen et al., „Genome sequence, comparative analysis and haplotype structure of the domestic dog" (Nature 438 [2005]: 803–19).

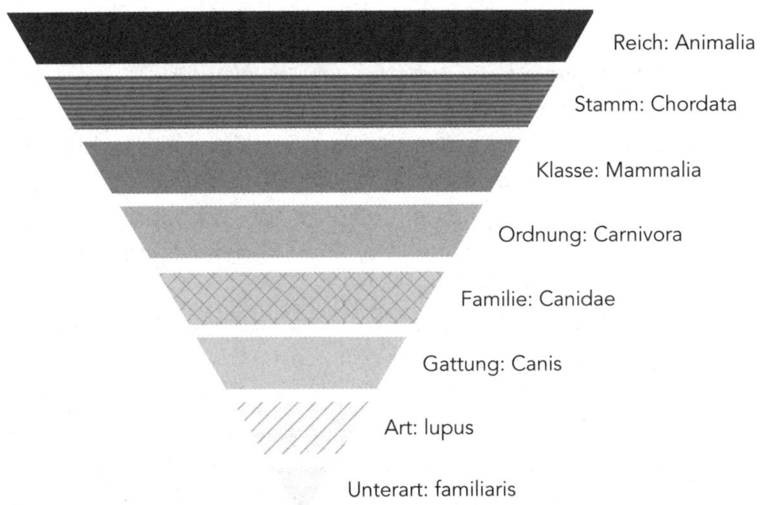

Taxonomie der Hunde. In der Biologie bezeichnet eine Taxonomie ein Modell, welches Organismen in Hinsicht auf ihre gemeinsamen Eigenschaften klassifiziert.

Was macht einen Kaniden aus?

Wie definiert die Biologie einen Kaniden? Allen sind bestimmte körperliche Merkmale gemeinsam: ihre Skelettstruktur, Schädelform, Zähne, Fell und Beine. So sind Kaniden etwa Zehengänger: Sie treten mit den Zehen auf, während ihre Fersen nicht den Boden berühren. Ihre langen, schlanken Beine zeichnen sich durch eine besondere Anpassung ans Laufen aus.

Allen Kaniden sind auch bestimmte Verhaltensweisen gemeinsam: Sie leben in Familienverbänden oder kleinen Gruppen, deren Mitglieder miteinander kooperieren. Auch zeigen sie saisonale Paarungszeiten, Monogamie, Brutfürsorge, alloparentale Pflege (Brutfürsorge durch Tanten, Onkel und nicht verwandte Tiere), soziale Unterdrückung der Fortpflanzung (ein Individuum kann mittels Physiologie oder Verhalten das Paarungsverhalten anderer Individuen in der Gruppe unterbinden), Dominanzhierarchien, langfristige Einbindung junger erwachsener Tiere in soziale Gruppen und Monoöstrus (eine Läufigkeit jährlich). David Macdonald und Claudio Sillero-Zubiri, zwei Raubtierspezialisten an der Universität Oxford, beschreiben dazu noch weitere Verhaltensgemeinsamkeiten: Ihr Verhalten ist flexibel und opportunistisch; sie sind hoch kommunikativ und neigen zum Wandern.[19]

Im Gegensatz zu all diesen Gemeinsamkeiten gibt es große Unterschiede im Aussehen und in den Lebensräumen der Kaniden. Ein gutes Beispiel für die Vielfalt ist ihre Größe. So wiegt etwa der Fennek oder Wüstenfuchs 1 bis 1,5 kg und passt problemlos in einen Schuhkarton, während Grauwölfe nahezu 70 kg erreichen und sich gerade mal eben in den Kofferraum eines großen Geländewagens quetschen können.

Manche Arten haben ein sehr kleines Verbreitungsgebiet. Der Darwin-Fuchs zum Beispiel lebt ausschließlich auf dem Festland von Chile und der Insel Chiloé. Andere – etwa Grauwolf und Rotfuchs – finden sich auf mehreren Kontinenten. Auch die Lebensräume sehen ganz unterschiedlich aus: Von Wüstenökosystemen über trockenes Grasland, Gebirgslandschaften, Sümpfe und Großstädte bis hin zur Tundra und auf Eisschollen findet man Kaniden überall.

Sie zeigen zudem eine bunte, auf ihre jeweiligen Lebensräume und Lebensweise abgestimmte Palette sozialen Verhaltens. Wölfe leben typischerweise in eng verbundenen Rudeln und jagen große Huftiere – ihre Hauptnahrungsquelle – kooperativ. Kojoten werden zwar manchmal in Familienverbänden beobachtet, leben in der Regel aber paarweise oder alleine und jagen kleine Säugetiere alleine oder gemeinsam mit ihrem Partner. Füchse leben und jagen normalerweise im Alleingang, werden aber hin und wieder auch in Gruppen beobachtet.

Kaniden passen ihre Verhaltensmuster den jeweiligen ökologischen Gegebenheiten an und können diese entsprechend ändern. Kojoten stellen ein gutes Beispiel für Verhaltensvariationen innerhalb derselben Art dar. Forscher fanden heraus, dass sich das Sozialverhalten von Kojoten im Winter entsprechend der Verfügbarkeit von Nahrung in ihrem jeweiligen Streifgebiet unterscheidet. In Gegenden, in welchen es ausreichend Nahrung für alle gibt, bilden Kojoten oft Gruppen, die an Wolfsrudel erinnern.[20] Dabei handelt es sich typischerweise um Großfamilien, von welchen einzelne Mitglieder abwandern, während sich neue Tiere der Gruppe anschließen. Abgesehen von gelegentlichen Zankereien bleibt die Sozialstruktur dieser Gruppen durch das selbstbewusste, dabei jedoch nicht notwendigerweise aggressive Auftreten der Mitglieder stabil. Finden nicht alle genügend zu fressen, leben Kojoten in der Regel hingegen paarweise oder alleine.

19 Macdonald und Sillero-Zubiri, *Biology and Conservation of Wild Canids*, 6.

20 Bekoff und Wells, „Social Ecology and Behavior of Coyotes".

Wie bereits erwähnt gibt es unter den Kaniden beachtliche Unterschiede in Größe und Körperbau (erinnern Sie sich an den Fennek im Vergleich zum Wolf). Hunde sind dahingehend einzigartig, dass sie extreme innerartliche Variationen in Körperbau und Verhalten aufweisen. Was die Statur betrifft, sind Hunde die vielfältigste Säugetierart überhaupt: Die kleinsten Hunde wiegen circa 2 kg, während die größten bis zu 80 kg (oder noch mehr, falls sie aufgrund zu vieler Leckerchen pummelig sind) auf die Waage bringen.

Die typischen Verhaltenseigenschaften der Kaniden finden sich auch im Haushund: Hunde sind hoch kommunikativ, gesellig, anpassungsfähig und opportunistisch. Sie warten allerdings auch mit einigen Überraschungen auf: Während Kaniden in der Regel sozial monogam sind, können Hunde promiskuitiv sein. Sie sind auch die einzigen Kaniden, die zweimal jährlich läufig werden.

Als Kaniden verfügen Hunde über ein breites Spektrum an Verhaltensstrategien. Örtliche ökologische Bedingungen wie die Größe und Verfügbarkeit von Beutetieren und die Größe der Hundepopulation könnten beeinflussen, ob zukünftige Hunde sich mehr wie Wölfe, Kojoten oder Füchse verhalten – oder ob sie völlig neue und ganz andere Verhaltensweisen und Sozialsysteme entwickeln.

Wie wurde der Hund zum Hund?

Was Hunde mehr als alles andere von ihren wilden Verwandten unterscheidet ist die Tatsache, dass sie die einzigen domestizierten Kaniden sind. Sie stammen vom Wolf ab und gleichen dem Grauwolf genetisch stark: Sie unterscheiden sich in nur 0,2 % ihrer mitochondrialen DNA.

Die Ursprünge des modernen Hundes sind unter Biologen, Paläontologen und Anthropologen nach wie vor umstritten. Der genaue Zeitpunkt der Domestizierung des Hundes lässt sich nicht festmachen. DNA-Sequenzierung und archäologische Daten verraten uns jedoch, dass diese vor zwischen 40 000 und 15 000 Jahren stattgefunden haben muss.[21] Hunde sind die ersten domestizierten Tiere. Spätere folgten erst circa 5 000 Jahre danach. Damit sind sie wahrscheinlich auch die einzigen, die von Jägern und Sammlern domestiziert wurden: Andere Tiere wurden erst nach der Entwicklung der Landwirtschaft domestiziert. Manche Wissenschaftler meinen, dass sich der Wolf an unterschiedlichen Orten und zu unterschiedlichen Zeiten

21 Freedman et al., „Genome Sequencing Highlights the Dynamic Early History of Dogs".

in verschiedenen, voneinander unabhängigen Domestizierungsereignissen zum Hund entwickelte. Andere gehen von einem einzigen Domestizierungsereignis – d. h. Ort und Zeitpunkt, zu dem der Mensch in natürliche Fortpflanzungsmuster eingriff – aus.[22] Per Jensen und seine Kollegen beschreiben die Domestizierung des Hundes als „das größte (wenn auch unbewusste) biologische und genetische Experiment der Geschichte."[23]

Die Forschung, wie und wann sich der Hund aus dem Wolf entwickelte, wird uns wahrscheinlich noch viele Rätsel aufgeben, bevor wir schließlich eine Antwort finden. So berichtete etwa CNN im November 2019 vom Körper eines Welpen, den Wissenschaftler in der Nähe von Jakutsk im Osten Sibiriens entdeckten. Das Tier – es wurde auf den Namen Dogor (Jakutisch für „Freund") getauft – war vom Permafrost konserviert worden und wird auf ein Alter von 18 000 Jahren geschätzt. Umfangreichen DNA-Tests zum Trotz lässt sich nicht sagen, ob es sich um den Körper eines Wolfes, eines Hundes oder gar eines Vorfahren beider Tiere handelt.[24]

Domestizierte Tiere wurden vom Menschen selektiv gezüchtet. Ihr Verhalten prädisponiert sie zu einem Leben an unserer Seite. Dabei ist das wichtigste Werkzeug der Domestizierung die Kontrolle der Fortpflanzung, welche dem Menschen erlaubt, erwünschte Eigenschaften zu forcieren. Elliott Sober, Philosoph an der Universität von Wisconsin, unterscheidet zwischen der Selektion *auf* Eigenschaften und der Selektion *von* Eigenschaften. Diese Differenzierung zeigt auf, dass wir nicht nur direkt *auf* bestimmte Eigenschaften – zum Beispiel Freundlichkeit – hinzüchten, sondern dass es oft auch zu einer indirekten und nicht bewussten Selektion *von* anderen Eigenschaften kommt: Genetiker bezeichnen diese als „Hitchhiker"[25]. In Hunden könnte die direkte Selektion auf extreme Geselligkeit indirekt auch andere Eigenschaften hervorgebracht haben – zum Beispiel Veränderungen in der Pigmentierung: Geflecktes Fell und weiße Abzeichen in dunklem Fell kommen bei Hunden, jedoch bei keinem ihrer wilden Verwandten vor. (Siehe Grafik rechts zu Details zur natürlichen Selektion.)

22 Siehe Frantz et al., „Genomic and archaeological evidence suggest a dual origin of domestic dogs" zur Wahrscheinlichkeit mehrerer Domestizierungsereignisse und Bergström et al., „Origins and genetic legacy of prehistoric dogs" zu Daten, die für ein einziges Domestizierungsereignis sprechen.

23 Jensen et al., „Genetics of How Dogs Became Our Social Allies", 334.

24 Amy Woodyatt, „Is it a dog or is it a wolf?", CNN, 27. November 2019, Abruf am 14. April 2020, https://www.cnn.com/travel/article/frozen-puppy-intl-scli-scn/index.html.

25 Sober, *Nature of Selection.*

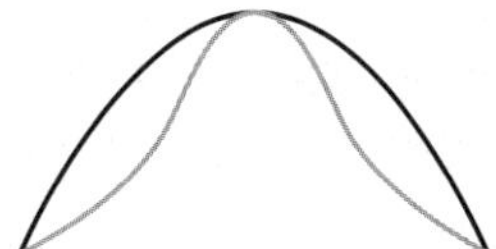

Stabilisierende Selektion

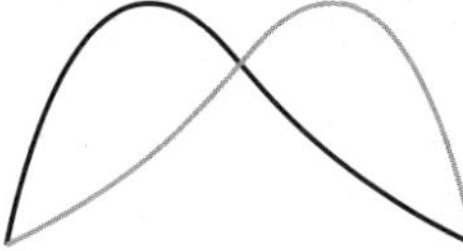

Direktionale Selektion

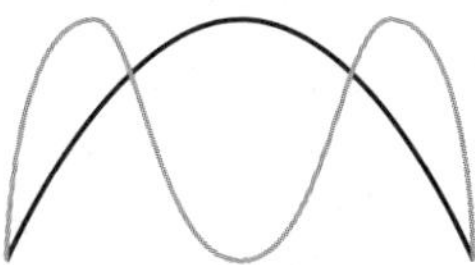

Disruptive Selektion

Drei Arten natürlicher Selektion: Definition für Laien.

Wissenschaftler unterscheiden drei Arten natürlicher Selektion:

Bei der stabilisierenden Selektion entwickelt sich ein stabiler Phänotyp rund um einen Mittelwert (eine bestimmte Farbe, Laufgeschwindigkeit etc.). Indem Hundezüchter versuchen, dem Rassestandard gerecht zu werden, praktizieren sie künstliche stabilisierende Selektion.

Die direktionale Selektion selektiert auf mehr oder weniger eines bestimmten Phänotyps hin (z. B. höhere Geschwindigkeit, ein größeres Tier, eine dem Ökosystem angepasste Tarnfarbe). Ein klassisches Beispiel ist das Geweih des ausgestorbenen Riesenhirschs. Dieses wurde so groß, dass die Tiere nicht mehr gehen konnten, weil ihr Hals das Gewicht nicht tragen konnte. Der Industriemelanismus des Birkenspanners ist ebenfalls ein gutes Beispiel.

Die disruptive (oder aufspaltende) Selektion findet an beiden Enden der Normalkurve statt (z. B. Selektion besonders schneller oder besonders langsamer Läufer, weil die mittelschnell laufenden Tiere am häufigsten einem Fressfeind zum Opfer fallen).

Gezeichnet nach Andrew Z. Colvins „Selection Types Chart" (Wikipedia Commons: Attribution-ShareAlike 3.0 Unported CC BY-SA 3.0).

Der Anthropologe Darcy Morey beschreibt die Domestizierung als eine Episode biologischer Evolution.[26] Damit erinnert er uns an einen wichtigen, wenn vielleicht auch offensichtlichen Punkt: Während es sich bei der Domestizierung nicht um „natürliche Selektion" handelt, so ist sie dennoch insofern „natürlich", als dass biologische Evolution *immer* natürlich ist. Zudem kontrolliert der Mensch wie schon oben erwähnt immer nur einen Teil der Evolution: Wir können zwar direkt auf bestimmte Eigenschaften hin selektieren – jedoch folgt die Evolution keinem simplen oder direkten Weg. Das genetische Material, auf welches sie wirkt, ist äußerst komplex. Übrigens findet die Domestizierung nach wie vor statt: Es handelt sich um einen Prozess, nicht um ein diskretes Ereignis.

Die Domestizierung hat dreierlei Folgen, von denen jede einzelne für die Entwicklung posthumaner Hunde relevant ist:

26 Morey, *Dogs: Domestication and the Development of a Social Bond*, 67.

1. In der Regel sind domestizierte Populationen größer als nicht domestizierte. Ist eine große Anzahl ein Überlebensvorteil für posthumane Hunde?

2. Domestizierte Tiere weisen bestimmte physische Veränderungen auf: In der Regel sind sie kleiner als ihre wilden Verwandten – ein Nebeneffekt ihrer veränderten Entwicklungsgeschwindigkeit, die mit der Selektion auf frühere sexuelle Reife einhergeht. Diese wird darum von Menschen selektiert, weil sie uns erlaubt, früher mit Jungtieren zu züchten, in kürzerer Zeit mehr Nachkommen zu produzieren und aufgrund der rascheren Generationenfolge schneller auf erwünschte Eigenschaften hinzuzüchten. Die geringere Größe hängt wahrscheinlich auch mit dem weniger nahrhaften Futter, welches domestizierte Tiere im Vergleich zu ihren wilden Verwandten aufnehmen, zusammen. Domestizierte Tiere sind pädomorph – das heißt, dass sie selbst im Erwachsenenalter Jugendmerkmale aufweisen. Verglichen mit Wölfen haben Hunde kürzere Schnauzen, eine steilere Stirn, kleinere Scheitelkämme und ein kleineres Gehirn.[27] Welche dieser körperlichen Eigenschaften erweist sich in einem menschenunabhängigen Leben als vorteilhaft? Was wird die Hunde vor überlebenstechnische Herausforderungen stellen? Und was wird im Zuge der natürlichen Selektion aus all diesen Haushund-Eigenschaften?

Domestizierte Tiere weisen bestimmte Verhaltensänderungen auf – in erster Linie größere Fügsamkeit und Formbarkeit des Verhaltens. Laut Thomas Daniels und Marc Bekoff hat die Domestizierung „(unter angemessenen Bedingungen) die Generalisierbarkeit der Bindungsentwicklung gegenüber *artfremden* Individuen verstärkt und zu einer Ausdehnung der Sozialisierungsphase geführt, innerhalb derer Sozialbeziehungen eingegangen werden."[28] Auf gut Deutsch: Hunde binden sich an Menschen (anstatt nur an Artgenossen) und das Sozialisierungsfenster – die Zeit von circa drei bis acht Lebenswochen, in der sich diese Bindung besonders gut fördern lässt – bleibt länger offen. Soziale Hemmungen sind nur abgeschwächt vorhanden, wodurch domestizierte Tiere im Gegensatz zu ihren neophoben (neue Dinge fürchtenden) wilden Verwandten neophil (bereit, auf neue Reize zuzugehen) sind. Die Reizschwelle, die überschritten werden muss, um Meideverhalten oder Unterwürfigkeit hervorzurufen, ist höher, wodurch die Tiere geringere

27 Siehe Wilkins, Wrangham und Fitch, „The ‚Domestication Syndrome' in Mammals: A Unified Explanation Based on Neural Crest Cell Behavior and Genetics" zu einer umfassenden Liste morphologischer Merkmale, die in domestizierten Tieren modifiziert wurden.

28 Daniels und Bekoff, „Domestication, Exploitation, and Rights", 354.

Angst zeigen und neue und unerwartete Situationen weniger scheuen.[29] Wie werden diese Verhaltensänderungen das Sozialverhalten verwilderter Hunde beeinflussen? Werden Hunde ihre Geselligkeit nutzen, um Gemeinschaften untereinander oder gar mit anderen Tieren einzugehen?

Wie viele Hunde gibt es, und wo sind sie?

Die heutige Hundepopulation wird auf weltweit eine Milliarde geschätzt. Das macht den Hund zu einem der häufigsten Säugetiere überhaupt. Der Vergleich zur Wolfspopulation – es gibt etwa 300 000 Wölfe weltweit – zeigt, wie unglaublich erfolgreich Hunde sind.[30]

Die Milliarde Hunde auf unserem Planeten ist auf unterschiedliche Ökosysteme verteilt und bedient sich verschiedener Überlebensstrategien. So

29 Price, „Behavioral Aspects of Animal Domestication"; Daniels und Bekoff, „Domestication, Exploitation, and Rights."

30 Obwohl Hunde nahezu überall dort vorkommen, wo auch wir Menschen sind, ranken sich bis heute viele Rätsel um sie: Niemand kann mit Sicherheit sagen, wie viele Hunde die Welt bevölkern, und niemand hat einen guten Überblick darüber, wo und wie sie alle leben. Stattdessen haben wir grobe Schätzungen. Viele dieser Schätzungen beziehen sich nur auf ein bestimmtes Segment der Hundepopulation. Mit ein Grund dafür, dass wir keine genauen Zahlen haben, ist, dass es keine Organisation oder Regierungsabteilung gibt, deren Aufgabe es wäre, Hunde zu zählen. Taxonomen und Biologen führen keine Bestandszählungen für Hunde durch, auch wenn dies für viele Wildtiere gängig ist. Hunde stehen auch nicht auf roten Listen gefährdeter Arten und werden dort maximal als Gefahr für Wildtiere erwähnt. Stattdessen haben wir es mit einem Daten-Mischmasch zu tun, welcher oft mit Hintergedanken gesammelt wurde.

So erfasst etwa die Weltgesundheitsorganisation Daten zu Streunern für den ausdrücklichen Zweck, das Gesundheitsrisiko, welches von Tollwut ausgeht, einzuschätzen. Daten zu Familienhunden („Haustieren") sind nur bruchstückhaft vorhanden. Nur jene Länder, in welchen die Haustierhaltung besonders beliebt oder die „Heimtierrettung" organisiert und aggressiv ist, verfügen über Populationszahlen. Diese Daten werden in der Regel mittels Fragebögen erhoben, welche von interessierten Wirtschaftszweigen ausgewertet werden, oder innerhalb von Tierheimen und Tierschutzorganisationen gesammelt. Die aus Fragebögen resultierenden Schätzungen variieren bei bis zu 15 Prozent; manchmal sogar noch mehr. Die Zahlen werden aufgerundet, um kulturelle Praktiken zu normalisieren und die Reichweite der an Heimtierhaltung interessierten Industrie auszuweiten. Andererseits werden sie abgerundet, um die Anzahl „herrenloser" Tiere oder das Töten von Hunden im Tierheim weniger schlimm wirken zu lassen.

Wollten wir die Wachstumskurve der Hunde auf der Welt skizzieren, angefangen bei der Artbildung der ersten Hunde vor 15–40 000 Jahren und bis in die Gegenwart, so würde unsere Kurve vom ersten Auftreten der Hunde beginnend ein langsames, gleichmäßiges Wachstum zeigen. An einem gewissen Punkt innerhalb der letzten Jahrhunderte würde die Kurve stark nach oben steigen, Hand in Hand mit der beginnenden intensiven künstlichen Selektion von Rassehunden. Darauf würde eine noch steilere Kurve nach oben folgen, welche die wachsende Beliebtheit der Haustierhaltung rund um die Welt widerspiegelt. Nachdem wir nicht über verlässliche Daten zur tatsächlichen Anzahl der Hunde verfügen, würde diese Kurve in erster Linie auf fundierten Vermutungen beruhen.

finden wir Hunde auf allen Kontinenten und in beinahe jedem bewohnbarem Ökosystem, selbst unter extrem harschen Bedingungen.

Wo es Hunde gibt, gibt es fast ausnahmslos immer auch Menschen. Wir beeinflussen die globale Gegenwart und das Überleben der Hunde direkt und indirekt: Oft bringen wir sie in Teile der Welt, in welchen sie ansonsten nicht leben würden – zum Beispiel die Antarktis. Mit unserer Hilfe gelingt es Hunden auch, eine Populationsdichte zu erreichen, die weit über die natürlichen Grenzen des Ökosystems hinausgeht. Manche Tiere erhalten jede Menge direkte Hilfe von einem bestimmten Menschen oder einer Familie: Zuwendung, Futter, ein Dach überm Kopf und tierärztliche Versorgung. Andere haben zwar nicht direkt einen Menschen an ihrer Seite, profitieren aber durch reichlich vorhandene Futterquellen in Form von Essensresten, geplünderten Mülltonnen und anderem Abfall dennoch von unserer Gegenwart. Dass sich die heutigen Hunde dort finden, wo auch wir Menschen leben, und dass sie sich auf anthropogene Ressourcen verlassen, heißt jedoch nicht automatisch, dass sie ohne unsere Gegenwart *nicht* überlebensfähig wären.

Die Bevölkerungsentwicklung von Hund und Mensch scheint ähnlich verlaufen zu sein. Die Zahlen beider Arten stiegen im letzten Jahrhundert explosionsartig an. Konservativ geschätzt kommt aktuell ein Hund auf circa zehn Menschen.[31]

Wir wissen überraschend wenig über die geografische Verteilung der Hunde – Daten sind nur spärlich vorhanden.[32] Hunde sind nicht gleichmäßig rund um die Welt verteilt. Manche Länder haben eine wesentlich höhere Anzahl an Hunden pro Mensch als andere. So kommt von Euromonitor gesammelten Daten zufolge in den USA durchschnittlich ein Hund auf 4,45 Menschen, während in Saudiarabien ein Hund auf 769,23 Menschen kommt.[33] Die großen Unterschiede in der Dichte der Hundepopulation

31 Hal Herzog schätzt ein Verhältnis von 1:7.5 auf Basis eines weltweiten Hundebestands von einer Milliarde. Herzog, „Is a Love of Dogs Mostly a Matter of Where You Live?" *Psychology Today*, Abruf am 14. April 2020, https://www.psychologytoday.com/us/blog/animals-and-us/201908/is-love-dogs-mostly-matter-where-you-live.

32 Obwohl Bestandszahlen für die meisten stark bevölkerten Länder vorhanden sind, sind die Daten oft nicht beweiskräftig. Infolgedessen sind auch Vergleiche zwischen verschiedenen Ländern fehlerbehaftet. So zählt mitunter die Haustierindustrie Hunde – und diese hat guten Grund, ihre Zahlen aufzubauschen. Andererseits führen Nonprofit-Organisationen Zählungen durch und können dabei der entgegengesetzten Versuchung zum Untertreiben erliegen.

33 Von Hal Herzogs Analyse der Euromonitor-Daten. Ibid. Andrew Rowan, der die Populationsdemografie der Hunde seit Jahren verfolgt, stellte uns in E-Mails vom 5. März und 29. Juli 2019 folgende Details zur Hundedemografie zur Verfügung:

Die Anzahl der Hunde auf der ganzen Welt korreliert höchstwahrscheinlich stark mit der menschlichen Bevölkerungszahl. Die Formel „ein Hund für jeden zehnten Menschen" sollte einen guten Maßstab für die weltweite Hundepopulation (d. h. circa 700 Millionen Hunde) darstellen.

könnten auf lokale Trends in der Haustierhaltung, kulturelle Einstellungen, die Dichte der menschlichen Bevölkerung oder eine Kombination dieser und anderer noch nicht identifizierter Faktoren beruhen. In den USA wird die Hundezahl auf 83 Millionen geschätzt.[34] Die unausgesprochene Annahme hinter den Daten ist, dass es sich dabei um „Familienhunde" handelt. Das ist jedoch nicht notwendigerweise der Fall. Nicht alle 83 Millionen Hunde haben ein Zuhause. Manche leben teils im Haus und können sich teils frei bewegen. Viele sitzen im Tierheim, wechseln häufig ihr Zuhause oder leben zwischendurch immer wieder auf der Straße. Auch ist nicht bekannt, wie viele verwilderte Hunde es in den USA gibt.

Die Populationsdichte der Hunde variiert nicht nur zwischen verschiedenen Teilen der Welt, sondern auch innerhalb einzelner Länder. Rund um die Welt ist die Dichte der Hunde in städtischen Gegenden, welche auch dicht von Menschen besiedelt sind, am größten.

Eines ist sicher: In einer posthumanen Welt wird sich die geografische Verteilung der Hunde ändern. Manche Orte sind nur darum für Hunde bewohnbar, weil sie auf menschliche Unterstützung zählen können. Blieben die Hunde dort sich selbst überlassen, käme es zu großen Verlusten. Posthumane Hunde, die versuchen, sich in ehemals städtischen Lebensräumen

Matthew Gompper geht von 1 Milliarde Hunde aus, aber ich halte seine Schätzung für hoch.

In den letzten vierzig Jahren blieb die relative Hundeanzahl (per 1 000 Menschen) in den meisten entwickelten Ländern relativ stabil. So kommen etwa in Schweden seit 1980 70 bis 80 Hunde auf je 1 000 Menschen, im Vereinigten Königreich 145 und in den USA 225. Weltweit gesehen reicht die Zahl der Hunde pro 1 000 Menschen von 2 bis 3 (Saudi-Arabien) über 50 bis 100 (Südasien) und 250 bis 400 (Philippinen und viele andere Pazifikinseln) bis hin zu 800 (im ländlichen Chile). 800 ist die höchste mir bekannte Zahl.

In manchen Ländern veränderte sich die relative Hundeanzahl jedoch auch. So stieg etwa in Japan die Zahl der Hunde, die auf 1 000 Menschen kommen, über die letzten dreißig Jahre von 20 auf 90 an.

Leider sind die meisten Daten zur Hundepopulation, die uns zur Verfügung stehen, nicht sonderlich aussagekräftig. Die beiden größten Fragebögen in den USA werden von APPA (Anmerkung der Übersetzerin: Amerikanische Zoofachhandelsvereinigung) und AVMA (Anmerkung der Übersetzerin: Vereinigung amerikanischer Veterinärmediziner) ausgegeben, und ihre Schätzungen zum Hundebestand unterscheiden sich zwischen 10 und 15 Prozent (APPAs Schätzungen liegen seit fünfzehn Jahren konsequent höher). Übrigens unterscheiden wir zwischen 400 Millionen „privaten" Hunden (Hunde, die relativ stark vom Menschen kontrolliert werden) und 300 Millionen „Straßenhunden", die auf der Straße leben und die Freiheit haben, zu tun und zu lassen, wonach ihnen ist. Beobachtungen in Asien, Afrika und Lateinamerika deuten darauf hin, dass die meisten Straßenhunde insofern einen „Besitzer" haben, als dass ein bestimmter Haushalt mit einem bestimmten Hund in Verbindung gebracht wird und diesen teils füttert. Es wäre ein Fehler, diese Straßenhunde für „herrenlose Streuner" zu halten.

34 Die ist eine sehr grobe Schätzung der American Pet Products Association (APPA). Niemand weiß wirklich, wie viele Hunde in den USA oder anderen Ländern leben.

durchzuschlagen, werden vor anderen Herausforderungen stehen als jene, die sich in weniger intensiv vom Menschen kolonisierten Gegenden ansiedeln. Keine der beiden Gruppen hat notwendigerweise einen Vorteil – die Herausforderungen sehen ganz einfach anders aus. Wie dicht die Hundepopulation ist und wie viel menschlichen Kontakt die Hunde früher hatten, wird sich ebenfalls auf ihre Überlebenschancen auswirken. Gegenden mit vielen Hunden könnten den Vorteil eines großen Genpools haben. Zudem gibt es reichlich Gelegenheiten für Anschlussverhalten, Kooperation und Fortpflanzung. Andererseits könnten Hunde in dicht besiedelten Gegenden stärker um Ressourcen konkurrieren und mehr soziale Konflikte auszutragen haben. Auch ist möglich, dass sie öfter mit ansteckenden Krankheiten wie Parvovirus, Leptospirose und Tollwut zu kämpfen hätten.

Lebensumstände: Die ökologischen Nischen von Hund und Mensch

Noch schwieriger, als die Zahl und geografische Verbreitung der Hunde festzumachen, ist es, die große Bandbreite ihrer Lebensumstände zu verstehen. Mehreren Quellen zufolge sind circa 80 % aller Freigänger großteils oder vollkommen selbstständig, während 20 % der globalen Population „Haustiere" sind. Diese bezeichnen wir in diesem Buch meist als Familienhunde. Das ergibt circa 720 Millionen Freigänger (dazu zählen Streuner, Straßenhunde, Dorfhunde, verwilderte Hunde sowie Hunde mit Besitzer, welche die Möglichkeit haben, sich frei zu bewegen) und 180 Millionen Familienhunde.[35]

Auf die Frage, was der natürliche Lebensraum des Hundes sei, antworten viele – darunter sowohl Wissenschaftler als auch Hundehalter: „Natürlich das menschliche Zuhause!" Wie wir jedoch soeben gesehen haben, leben nicht alle Hunde in Haus und Garten: Tatsächlich trifft dies nur auf die wenigsten zu! Darcy Morey liefert in seinem wegweisenden Buch über die Domestizierung des Hundes eine nuanciertere Beschreibung verschiedener Lebensumstände. Er bezeichnet Hunde als Besetzer „einer neuen ökologischen Nische,

35 Die meisten Schätzungen zur Anzahl der Freigänger weltweit liegen zwischen 75 und 85 Prozent. Dabei gibt es allerdings auch starke Variationen. Morey geht davon aus, dass circa 15 Prozent aller Hunde ein Zuhause haben, während Andrew Rowan schätzt, dass der Anteil mit circa 50 Prozent viel höher ist. Rowans Schätzung inkludiert auch jene Hunde, die im Tierheim sitzen. Andrew schreibt: „Der Anteil der Familienhunde in Tierheimen in Nordamerika, Europa, Australien und Neuseeland liegt unter 1 % (eher um die 0,1 %). Der Anteil der Straßen- bzw. Dorfhunde, die sich im Tierheim befinden, ist noch geringer." Andrew Rowan, E-Mail an Marc Bekoff vom 18. Dezember 2019.

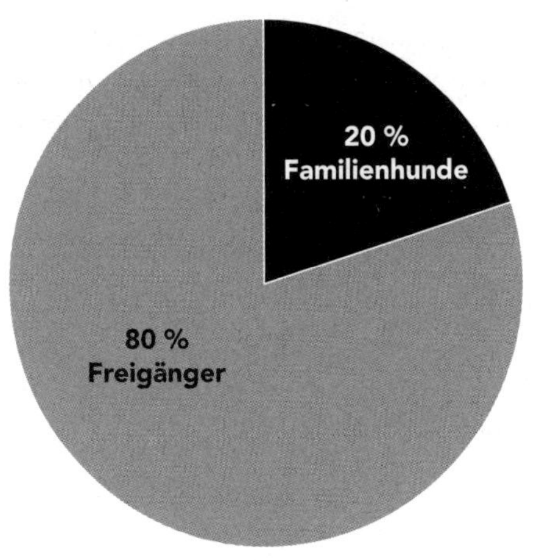

Die Lebensumstände der Hunde

der häuslichen Gemeinschaft mit dem Menschen."[36] Ähnlich schreibt Per Jensen in *The Behavioural Biology of Dogs*: „Zunehmend wird deutlich, dass der wichtigste Aspekt der vom Hund besetzten Nische der Mensch selbst ist. Darum könnte man sagen, dass die ökologische Nische des Hundes im Zusammenlebens mit dem Menschen besteht."[37]

Sowohl Morey als auch Jensen weisen darauf hin, dass wir eine wichtige Rolle im Leben der Hunde spielen. In der Tat überschneiden sich unsere beiden Nischen stark, besonders in Hinsicht auf anthropogene Futterquellen. Es gibt zahlreiche Schnittstellen zwischen Menschen- und Hundeleben und verschiedene Arten der Abhängigkeit. Manche Vierbeiner erhalten direkte und bewusste Zuwendung und sind auf uns angewiesen, was alles vom Zugang zu Wasser und Futter bis hin zur Möglichkeit, Kot und Urin abzusetzen, betrifft. Andere Hunde leben ohne direkte Unterstützung unsererseits und nutzen den Menschen nur indirekt als Futterquelle. Anstatt von *der* Nische der Hunde sollten wir daher vielleicht von *den* ökologischen *Nischen* sprechen.

Gibt es Hunde, die ganz und gar autonom sind und deren ökologische Nische keinerlei Berührungspunkte mit der unseren hat? Einerseits ist kein Hund – und auch kein anderes Tier – vollständig vom Menschen unabhängig. Unsere Aktivitäten wirken sich dermaßen dramatisch und global auf

36 Morey, *Dogs: Domestication and the Development of a Social Bond*, 31.
37 Jensen, *Behavioural Biology of Dogs*, 145.

Klima und Umwelt aus, dass dies ein Ding der Unmöglichkeit darstellt. Es gibt jedoch de facto vom Menschen unabhängige Hunde – auch wenn dies wahrscheinlich nicht viele sind. Sie sind weder auf Abfälle noch Futteralmosen angewiesen und haben keinerlei Menschenkontakt.

Unser Gedankenexperiment dreht sich um die Frage, wie sich die aktuellen Lebensumstände und ökologischen Nischen verschiedener Hunde auf deren zukünftiges Überleben auswirken könnten. Haben bereits heute selbstständige Tiere in einer posthumanen Zukunft bessere Überlebenschancen? Welche ökologischen Nischen werden sie besetzen, wenn ihnen das menschliche Zuhause und andere anthropozentrische Habitate nicht mehr zur Verfügung stehen?

Die Einteilung der Hunde

Es gibt keine allgemein akzeptierte Terminologie zu den verschiedenen Kategorien von Hunden. Wissenschaftler sind sich uneinig darüber, wie wir Hunde, die mit oder in der Nähe von Menschen leben, bezeichnen sollten. Unter den gängigsten Begriffen für Hunde rund um die Welt sind *Familienhund, Haustier, Hund mit Besitzer, unbeaufsichtigter Hund, frei lebender Hund, Straßenhund, Blockhund, Dorfhund, verwilderter Hund, sekundär verwilderter Hund* und *wilder Hund.* Wir wollen einen kurzen Abstecher in diesen terminologischen Dschungel machen. Dabei ist es nicht unsere Absicht, den wissenschaftlichen Konflikt, welche Bezeichnungen die Tiere am besten beschreiben, zu schlichten. Auch wollen wir uns nicht im Detail damit auseinandersetzen, wie viele Hunde in die jeweiligen Kategorie fallen. Niemand kennt die exakten Zahlen. Für uns ist der springende Punkt, dass sich die heutigen Lebensumstände der Hunde auf ihre zukünftigen Überlebenschancen ohne uns auswirken. So besagt etwa eine Hypothese, dass verwilderte Hunde bessere Chancen hätten als verwöhnte, stark von ihren Besitzern kontrollierte Haustiere. Erstere wären abgehärtet und hätten Übung im Jagen und Verteidigen von Futter (siehe Grafik rechts).

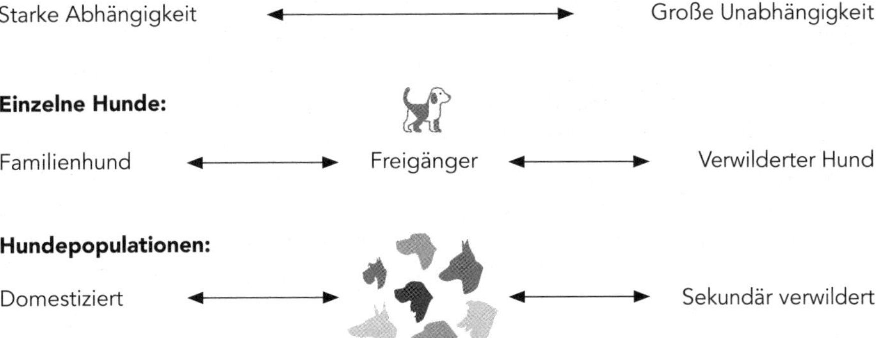

Familienhunde

Ein Hund gilt dann als Familienhund, wenn er sich ein Zuhause mit Menschen teilt. Dabei hat dieser Begriff jedoch keine präzise Definition. Wir wollen uns verschiedene Hunde ansehen, die in diese Kategorie fallen: Hazel ist eine Hündin, der es an nichts mangelt. Täglich stehen ihr Futter, ein warmes Haus und ein kuschelig weiches, sicheres Körbchen zur Verfügung. In der Regel führen ihre Menschen sie zweimal täglich eine kleine Runde spazieren, damit sie ihre Geschäfte verrichten kann. Auch tierärztliche Betreuung ist bei Bedarf jederzeit vorhanden. Obie hat einen „Besitzer" und ein Zuhause, aber er kann auch frei entscheiden, ob und wann er alleine sein will. Jeden Morgen geht er nach draußen und verbringt den Tag damit, die Nachbarschaft zu erkunden. Abends kehrt er nach Hause zurück, um sich Futter und Zuneigung (in dieser Reihenfolge) abzuholen, und schläft dann im Haus in seinem Hundebett. Sadie lebt am Ende einer Kette im Garten ihres Besitzers. Sie wird unregelmäßig gefüttert, hat keinen Schutz vor Hitze und Kälte, und der Kontakt mit ihren Menschen beschränkt sich auf gelegentliches freundliches Tätscheln des Kopfes oder weniger freundliche Tritte in die Seite. All diese Hunde gelten als Familienhunde.

Familienhunde können mehr oder weniger viel Freiheit haben. Auch kann sich im Laufe der Zeit ändern, an welchen Punkt der Familienhund-Skala sie fallen: Vielleicht verbringt ein Hund seine ersten fünf Lebensjahre als reiner Wohnungshund, zieht dann aber in ein Zuhause, in welchem er ständigen Zugang nach draußen und die Freiheit hat, nach Lust und Laune zu streunen. Verschiedene Hunde machen jeweils anderen Erfahrungen, und ihre Lebensumstände können sich im Laufe der Zeit drastisch ändern.

Der Begriff Familienhund sagt nicht nur etwas über die Lebensumstände aus, sondern gibt auch Hinweise auf die psychische und emotionale Gesundheit des Tieres. Ein Hund, der bereits vier- oder fünfmal im Tierheim saß, verfügt über einen anderen psychosozialen Erfahrungshorizont als einer, der sein Leben lang ein einziges stabiles, liebevolles, Zuhause hat. Derartige Faktoren spielen eine wichtige Rolle, was das posthumane Überleben und Anpassungsvermögen betrifft – ein Thema, welchem wir uns in Kapitel 6 ausführlich widmen.

Behalten Sie beim Lesen dieses Buches in Erinnerung, dass der Begriff *Familienhund* keine klar definierte Bedeutung hat. Manche Familienhunde werden geschätzt und liebevoll behandelt. Andere werden geschlagen oder sexuell missbraucht. Manche haben so viel Freiheit, dass sie vielleicht besser in die Kategorie der Freigänger passen, während andere kaum die eigenen vier Wände verlassen.[38]

Freigänger

Die breite Kategorie „Freigänger" bezieht sich auf Hunde, die zahlreiche Freiheiten haben, zu entscheiden, wann, wie und wo sie sich aufhalten und bewegen wollen. Darunter finden sich einzelne Familienhunde sowie jene Tiere, die oft als Streuner, Straßenhund, Dorfhund, unbeaufsichtigt, frei lebend oder verwildert bezeichnet werden. Wie Familienhund ist auch Freigänger kein präziser Begriff. Manche Wissenschaftler bevorzugen den Begriff frei lebend oder Streuner; wir werden in diesem Buch in der Regel Freigänger verwenden, sehen die Worte jedoch als Synonyme.[39]

38 Auch die Begriffe „Besitzer" und „besitzen" können als problematisch gelten, wenn Menschen über ihre Hunde sprechen. Tierschützer empören sich oft über diese Worte. In der Tat reflektiert die Sprache, derer wir uns bedienen, um über Hunde zu sprechen, gewisse moralisch fragliche Annahmen. Andererseits verwenden viele Menschen liebevoll – und ohne böse Pläne, Hunde zu kommodifizieren oder auszubeuten – Possessivpronomen wie „mein Hund Bella" oder „unser Hund Rufus".

39 Zur Bezeichnung von Streunern oder Straßenhunden schreiben Arnold Arluke und Kate Atema: „Statt diese Hunde ‚Streuner' oder ‚Straßenhunde' zu nennen, bevorzugen wir die Bezeichnung Freigänger [Anmerkung der Übersetzerin: ‚ranging']. Ersteres impliziert, dass die Tiere kein Zuhause haben und kein Mensch Interesse an ihnen hat oder Verantwortung für

Genau wie das Spektrum der Familienhunde ist auch jenes der Freigänger breit gefächert, was deren Unabhängigkeit vom Menschen betrifft. Manche Freigänger haben viel freundlichen Umgang mit Menschen und vielleicht auch ein Zuhause, an welches sie immer wieder zurückkehren. Andere sind dabei, zu verwildern. So beschreibt etwa Wissenschaftsautor Richard Francis „Dorfhunde" als Individuen, die „im Freien leben, selbstständig nach Futter suchen und vor allem ihre Sexualpartner frei wählen. […] Dorfhunde sind zähe Tiere, deren Überleben nicht von menschlicher Zuneigung abhängt."[40] In der Regel ist die Freigängerpopulation in Entwicklungsländern und im städtischen (im Gegensatz zum ländlichen) Raum größer, was daran liegen könnte, dass anthropogene Futterressourcen umso reichlicher vorhanden sind, je höher die menschliche Bevölkerungsdichte ist.

Verwilderte Hunde

Ein verwildertes Tier lebt in freier Wildbahn, stammt jedoch von domestizierten Eltern ab. Hunde, die den Kontakt zum Menschen verlieren, durchlaufen einen Verwilderungsprozess, im Zuge dessen sie sich auf ein unabhängiges Leben einstellen. Dabei bezieht sich der Begriff „Verwilderungsprozess" auf Änderungen in den Lebensumständen *einzelner* Hunde – nicht auf Ebene der Population oder Art. „Domestizierung" hingegen beschreibt Veränderungen *aller* Individuen, die eine Population ausmachen.[41] Einzelne Hunde werden nicht „ent-domestiziert", wenn sie teils oder vollständig den Kontakt zum Menschen verlieren – sie verwildern.[42]

Verwildert beschreibt Lebensumstände, die von einer nahezu vollständigen oder vollständigen Abwesenheit menschlicher Kontakte geprägt sind. Wie bereits erwähnt verschwimmen die Grenzen zwischen Freigängern und verwilderten Tieren, und Hunde können sich zwischen den beiden Kategorien bewegen. Nicht immer lässt sich sagen, ob ein bestimmter Hund Kontakt zu Menschen hat oder hatte. Die Welpen einer verwilderten Mutter gelten nicht notwendigerweise selbst als verwildert: Vielleicht haben manche Kontakt zu Menschen oder finden sogar ein Zuhause als Familienhund, während andere ebenfalls verwildern.

sie übernimmt. Sowohl Berichte als auch Fragebögen lassen jedoch vermuten, dass dies für viele keineswegs der Fall ist." Arluke und Atema, „Roaming Dogs". https://doi.org/10.1093/oxfordhb/9780199927142.013.9.

40 Francis, *Domesticated*, 34.

41 Daniels und Bekoff, „Feralization".

42 Siehe Gamborg et al., „De-Domestication".

Sekundär verwildert

Der Begriff *sekundär verwildert* beschreibt eine domestizierte Population, die bereits so lange frei von menschlicher Zuchtauslese ist, dass *alle Individuen innerhalb der Gruppe* der natürlichen Selektion unterliegen. Wie lang muss eine domestizierte Population der natürlichen Auslese unterworfen sein, um als wild zu gelten? Die Frage ist spannend und schwer zu beantworten. Artbildung finden allmählich statt. Irgendwann wird im Laufe dieses langsamen Übergangs eine Grenze erreicht, deren Überschreiten zu einem Unterschied in der *Art* (domestiziert versus sekundär verwildert), nicht nur im Grad (der Wildheit) führt. Wie viele Generationen ungehinderter Fortpflanzung sind also notwendig, um eine sekundär verwilderte Hundepopulation zu erreichen? Wir stellten bereits fest, dass die Grenzen zwischen domestiziert und wild verschwimmen. Der Übergang von wild zu domestiziert verläuft fließend, und ebenso verhält es sich mit dem Übergang von domestiziert zurück zu wild.

Bisher gibt es kaum sekundär verwilderte Hundepopulationen. In *Canids of the World* schreibt José Castelló: „Während es viele kommensale und verwilderte Populationen [von Hunden] gibt, sind nur vier mit Sicherheit sekundär verwildert: die Hundepopulationen auf vier Galapagosinseln."[43] Manche sehen den australischen Dingo als weiteres Beispiel eines sekundär verwilderten Hundes. Dingos leben schon seit Langem in soziopositiven Beziehungen mit den Aborigines, pflanzen sich jedoch vom Menschen ungestört fort. Viele Dingos sind auch vollständig unabhängig. Wie der Hund stammt auch der Dingo vom Grauwolf ab. In Morphologie und Verhalten hat er sowohl mit Hunden als auch Wölfen viel gemeinsam.

Dingos haben zudem einzigartige Eigenschaften, die sie mit keinem ihrer Verwandten teilen – zum Beispiel ihre flexiblen Gelenke. Diese erlauben ihnen, auf Bäume und Felsen zu klettern und ihr Wüstenhabitat optimal zu nutzen. Während Dingos faszinierend sind, sind sie ziemlich sicher nicht „sekundär verwildert". Höchstwahrscheinlich wurden sie nie vollständig domestiziert. Wir fragten den Dingoexperten Bradley Smith, ob Dingos ein Beispiel für eine sekundär verwilderte Haushundepopulation seien. Seiner Meinung nach spricht mehr dafür, dass der Dingo *nie* domestiziert worden sei: „Ich glaube, dass es sich beim Dingo um einen echten wilden Kaniden mit einer historischen Beziehung zum Menschen handelt. Ich denke nicht, dass Dingos Hunde sind, die sich wieder in eine wilde Form zurückentwickelt

43 Castelló, *Canids of the World*, 113.

haben."[44] Auch der australische Biologe Brad Purcell, der seit vielen Jahren wilde Dingos erforscht, kommt zu dem Schluss, dass „Dingos keine wilden Hunde sind … Dingos sind Dingos."[45]

Rassen

Eine der gängigsten Kategorien, welcher wir uns im Gespräch über Hunde bedienen, ist die „Rasse" und in weiterer Folge die Unterscheidung von Rassehunden und Mischlingen. Jeder, der schon einmal mit seinem Hund die Straße entlangspaziert ist, kennt die Frage: „So ein süßer Kerl! Was ist das für eine Rasse?" Bei der Rasse handelt es sich um eine von einem Zuchtverein anerkannte Gruppe von Hunden. Der Stammbaum der Individuen einer Rasse wird in einem von diesem Verein geführten Zuchtbuch dokumentiert. Dabei handelt es sich *nicht* um eine biologische Definition, sondern um eine kulturelle.[46]

Welcher Prozentsatz aller Hunde ist „reinrassig"? Wie viele sind Mischlinge? Was für unsere anderen Populationszahlen gilt, ist auch hier der Fall: Wir können fundierte Vermutungen anstellen, haben jedoch keine verifizierbaren Zahlen. Mark Derr glaubt, dass circa 30 Prozent der Hunde weltweit – um die 300 Millionen – reinrassig sind.[47] Dabei handelt es sich um den globalen Durchschnitt. Das Verhältnis von Rassehunden zu Mischlingen variiert stark von einem Land zum nächsten. Die USA sind eine der rassebesessensten Nationen überhaupt.[48] Mit geschätzten 50 bis 60 Prozent reinrassigen Hunden liegen sie daher über dem Durchschnitt.[49]

44 E-Mail an Marc Bekoff vom 25. Dezember 2020. Für weitere Informationen zum Thema Dingos siehe Bradley Purcells *Dingo*, Bradley Smiths *The Dingo Debate: Origins, Behaviour and Conservation* und Pat Shipmans „What the dingo says about dog domestication".

45 E-Mail an Marc Bekoff vom 26. Dezember 2020.

46 Zu Konzept und Geschichte der „Rassen" siehe Worboys, Stranges und Pembertons interessantes Geschichtsbuch *The Invention of the Modern Dog: Breed and Blood in Victorian Britain.*

47 Mark Derr, „Shifting Perspectives on How Dogs Came to Be Dogs", *Psychology Today*, 23. September 2019, Abruf am 15. April 2020, https://www.psychologytoday.com/us/blog/dogs-best-friend/201909/shifting-perspectives-how-dogs-came-be-dogs.

Gentests für Hunde könnten die Rassedebatte vor Herausforderungen stellen. Oft werden Hunde [Anmerkung der Übersetzerin: in den USA] fälschlicherweise als Pitbullmischlinge tituliert. Hunde, die als reinrassig bezeichnet und verkauft werden, sind dies oft nicht: Besitzer, die die DNA ihres sogenannten Rassehundes analysieren lassen, erwartet oft eine Enttäuschung, wenn sie die Ergebnisse erhalten.

48 Siehe Michael Brandow, *A Matter of Breeding*.

49 Siehe „Pets by the Numbers", *Animal Sheltering*, Abruf am 15. April 2020, https://humanepro.org/page/pets-by-the-numbers. Obwohl die Anzahl reinrassiger Hunde zu steigen scheint, könnte das Verhältnis von Rassehunden zu Mischlingen mancherorts, unter anderem in den

Es scheint auf der Hand zu liegen, dass sich die reinrassige Population mit der Familienhundepopulation deckt, während verwilderte Hunde großteils Mischlinge sind. Das ist allerdings so nicht der Fall. Reinrassige Hunde können Freigänger oder verwildert sein, und viele Mischlinge sind Familienhunde. Während manche verwilderten Hunde reinrassig sind, ist die Wahrscheinlichkeit, dass sie dies über die erste Generation hinaus bleiben, jedoch äußerst gering.

Rassen sind keine unveränderbaren Konstrukte oder Kreationen. Sie verändern sich selbst heute noch ständig. So sieht etwa der heutige Deutsche Schäferhund dem Schäferhund von 1920 gar nicht mehr so ähnlich. Die Kruppe des modernen Schäfers ist niedriger, der Brustkorb weiter, das Fell länger und der Hund im Ganzen größer.

Rassen können allgemeine Tendenzen und Temperamentseigenschaften teilen. Zum Beispiel haben Border Collies mehr Energie und ein größeres Bedürfnis nach Bewegung und Kopfarbeit als der durchschnittliche Familienhund. Dabei sind jedoch keine zwei Border Collies gleich, und jeder von ihnen wird sich auf ganz individuelle Art und Weise auf eine posthumane Zukunft einstellen. Selbst zwei Border Collies, die unter denselben Umständen und in derselben Umgebung aufwachsen, reagieren jeweils anders auf unerwartete Ereignisse.

Rasseportraits, wie sie sich häufig auf „Finde deinen perfekten Partner"-Seiten wie dem Hunderassen-Test von Animal Planet im Internet finden, erwecken den Anschein, dass bestimmte Hunderassen bestimmte Persönlichkeitseigenschaften mitbringen – zum Beispiel selbstbewusst, frech, stolz oder mutig. Dies ist irreführend: Nicht Rassen, sondern Individuen haben Persönlichkeiten.[50]

Manchmal wird zwischen Rassen und Landrassen unterschieden. Eine Landrasse ist eine Gruppe genetisch verwandter Hunde, die sich in einem bestimmten geografischen Gebiet – und nirgendwo sonst – entwickelt hat. Oft erfüllen die Tiere Funktionen in der Landwirtschaft. Landrassen zeichnen sich durch ihre Anpassung an lokale Umweltbedingungen wie Höhenlage, Temperatur, Bodenbeschaffenheit und das Vorhandensein oder Fehlen von Wasser aus. Obwohl sich Individuen einer Landrasse physisch ähneln, entsprechen sie keinem Rassestandard und gehören keinen Zuchtvereinen an. Während Landrassen zum Überleben *an einem bestimmten Ort* optimiert

USA, leicht sinken.

50 Marc Bekoff, „Dog Breeds Don't Have Distinct Personalities," *Psychology Today*, https://www.psychologytoday.com/us/blog/animal-emotions/201901/dog-breeds-dont-have-distinct-personalities.

wurden, ist es die Aufgabe einer Rasse, *eine bestimmte Funktion* für den Menschen zu erfüllen – zum Beispiel Vögel mittels Vorstehen anzuzeigen, Ratten zu jagen oder über ein besonders seidiges Fell zu verfügen.

Zeichnen sich einzelne Gruppen von Hunden durch ihre besondere Anpassung an eine bestimmte Umgebung aus, so scheint daraus zu folgen, dass diese auch ohne uns einen Überlebensvorteil hätten. Dies ist allerdings nur dann der Fall, wenn das posthumane Ökosystem, in welchem sie sich wiederfinden, jenem entspricht oder zumindest stark ähnelt, in welchem sie ursprünglich zum Arbeiten und Leben gezüchtet wurden. Wir Menschen vermehren und kaufen Hunde heute in der Regel nicht darum, weil sie sich besonders gut für unser lokales Klima oder Ökosystem eignen, sondern weil sie bestimmte begehrte physische Merkmale oder Verhaltenseigenschaften aufweisen. Wer mit seinem Berner Sennenhund in Phoenix lebt, tut dies nicht, weil sich die Rasse in der Wüste besonders wohl fühlt, sondern weil ihr ein sanfter Charakter nachgesagt wird und dem Käufer die dreifarbige Zeichnung gefällt.

Die Rassefrage ist auf verschiedene Art und Weise für unseren spekulativen Streifzug relevant. Zum einen gehen wir vielleicht davon aus, dass bestimmte Rassen aufgrund ihrer phänotypischen Eigenschaften einen Überlebensvorteil hätten. Auf die Frage, welche Hund in einer posthumanen Zukunft überleben würden, erhalten wir als Antwort oft bestimmte Rassebeispiele. Die als vorteilhaft empfundene Größe variiert jedoch häufig. Zum Beispiel meinen manche, dass Huskies es leichter hätten als Chihuahuas, weil sie aufgrund ihrer Größe bessere Jäger seien und sich leichter gegen Konkurrenten verteidigen könnten. Tatsächlich steht jedoch keineswegs fest, dass all Chihuahuas dem Untergang geweiht sind, während die Huskies die Welt regieren.

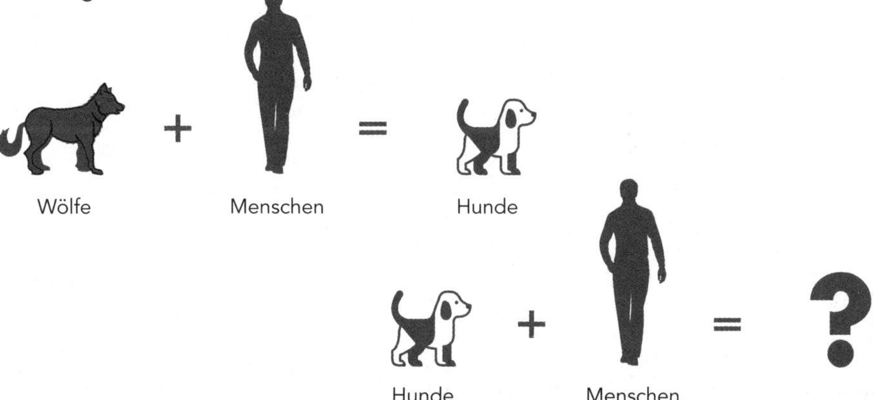

Zweitens stellt sich die Frage, ob Mischlinge in einer posthumanen Welt generell besser gestellt wären als Rassehunde. Auch dies lässt sich schwer verallgemeinern: Es kommt auf individuelle Eigenschaften und auf die Persönlichkeit an.

Drittens könnte die Inzucht, die derzeit viele Rassehunde plagt, einen Einfluss auf zukünftige Überlebenschancen haben: Gendefekte und Mutationen führen zu Fehlbildungen wie Hüftdysplasie und Atemwegsproblemen sowie psychischen Schwierigkeiten wie Angst- und Zwangsstörungen.

Ein Blick zurück; ein Blick nach vorne

Bisher haben wir uns damit beschäftigt, wer Hunde heute in Gemeinschaft mit dem Menschen sind und welche Entwicklungsschritte an diesen Punkt geführt haben. In den nächsten vier Kapiteln wollen wir die wilde Zukunft und die verwilderten Landschaften posthumaner Hunde unter die Lupe nehmen. Dabei ist es auch wichtig, einen Blick zurück zu werfen: Schlummert in unseren Vierbeinern bis heute so viel Wolf, dass sie ganz einfach wieder zu ihren Vorfahren würden? Die Antwort ist simpel: Nein. Hunde verwandeln sich nicht in Wölfe, sondern werden zu anderen, *neuen* Kaniden. Was hält ihre Zukunft bereit?

3. Wie sieht die Zukunft aus?

Die Freigänger Balis bilden auf ihren Streifzügen Rudel (Batu Bolong).

Sofern die Erde nicht völlig unbewohnbar ist, werden Hunde ohne uns nicht nur überleben – es wird ihnen sogar richtig gutgehen. Wie? Nun, um uns die Zukunft der Hunde in einer posthumanen Welt vorzustellen, müssen wir unsere Netze weit ausholen. Unter den Variablen, die ihr Überleben beeinflussen, sind Körperbau und -größe, Art und Weise der Nahrungsbeschaffung, Fortpflanzung und Brutpflege, soziale Interaktionen und die Anpassung an ein vom Menschen unabhängiges Leben.

Die ökologische und evolutionäre Entwicklung posthumaner Hunde

Funktionelle Morphologie	• Körpergröße
	• Temperaturregulation und geografische Verteilung
	• Intelligenz
	• Lebenserwartung
	• Schädelmorphologie
	• Nase
	• Ohren
	• Augen
	• Rute
	• Haut
	• Fell
	• Pigmentierung
	• Farbe
	• Haarend/nicht haarend
	• Körperbau:
	  • Schlank oder stämmig
	  • Hüfte und Becken
	  • Länge der Gliedmaßen
	  • Proportionen
	• Geschlecht

Futter, Nahrungsökologie und -strategie	• Nahrungsangebot • Nahrungsverteilung • Jahreszeitliche Variation • Größe (Größe des Hundes, Sexualdimorphismus; Größe der Beutetiere) • Biomasse • Wählerischer Fresser? • Täglicher Kalorienbedarf (typische Verhaltensmuster im Zusammenhang mit der Nahrungsaufnahme) • Ernährung (optimale Ernährung/Speiseplan)

Fortpflanzung	• Im Zusammenhang mit dem Nahrungsangebot • Anzahl jährlicher Fortpflanzungszyklen • Reproduktive Phase • Anzahl der Welpen • Welpensterblichkeit • Geschlechterverhältnis • Fortpflanzungssystem (monogam, polygam) • Alter, in dem Rüden sexuelle Reife erreichen • Alter, in dem Hündinnen sexuelle Reife erreichen • Alloparentale Pflege • Höhlenbau • Lebenserwartung/Sterblichkeit
Mechanismen, welche die Populationsgröße und -dynamik beeinflussen	• Tendenz zum Wandern • Nahrungsangebot (die Biomasse und deren Verteilung; Kapazität des Ökosystems) • Geklumpte oder zerstreute Nahrungsressourcen? • Paarungsmuster • Belastbarkeit des Ökosystems (z. B. Klimawandel, mögliches Degradieren des Ökosystems) • Konkurrenten (koexistieren, konkurrieren, kooperieren)
Kommunikation (innerartlich und zwischenartlich)	• Visuelle Signale • Auditive Signale • Geruchssinn und Markierverhalten • Kontaktverhalten • Art des Habitats
Sozialorganisation und soziale Dynamik	• Im Zusammenhang mit Nahrungsquellen • Zur Fortpflanzungszeit • Leben in Familiengruppen? • Wanderaktivität • Optimale Gruppengröße • Geschlechterverhältnis innerhalb der Gruppe • Arbeitsteilung • Individuelles Jagen/Jagen in der Gruppe • Welpenaufzucht • Verteidigung des Reviers • Dominanzhierarchien • Rudel- bzw. Gruppenführung • Aggressionskontrolle innerhalb der Gruppe/zwischenartliche Aggressionskontrolle
Sozialisierungsprozesse	• Zusammenhalt/verwandtschaftliche Bindung zwischen Eltern und Jungtieren • Zusammenhalt/verwandtschaftliche Bindung der Wurfgeschwister • Zusammenhalt/verwandtschaftliche Bindung zwischen gemeinsam aufwachsenden Tieren (keine Geschwister) • Philopatrie (Bindung an einen bestimmten Ort bzw. Brutortstreue) • Geschlecht

Muster räumlicher Nutzung	• Territorialverhalten? • Schutz vor Wind und Wetter • Höhlenbau • Größe des Streifgebiets • Verhältnis der Biomasse der Hunde zur Biomasse der vorhandenen Nahrung
Beziehungen mit sympatrischen (im selben Gebiet lebenden) Arten	• Beutetiere • Raubtiere • Kommensalismus (zwischenartliche Beziehung, die für eine Art positiv und für die andere neutral ist) • Parasiten • Koexistenz, Kooperation, Konkurrenz
Intelligenz	• Verschiedene Arten der Intelligenz • Bauernschläue • Erfahrungslernen • Numerische Kompetenz
Problemlöseverhalten	• Kooperation und Koordination • Zeit- und Energiehaushalt • Nahrung • Schutz vor Wind und Wetter • Sexualpartner • Sozialpartner • Orientierungssinn • Jagd • Frustration • Durchhaltevermögen (wie lange versucht das Tier, ein Problem zu lösen, bevor es aufgibt?) • Fähigkeit zur Selbstregulation • Konfliktlösen • Alter • Früheres Training (ehemalige Familienhunde) • Früherer Menschenkontakt
Lernen	• Lerntypen • Flexibilität und Anpassungsfähigkeit • Soziales Lernen • Kulturelle Unterschiede • Gene und Umwelteinflüsse/individuelle Anlagen und Neigungen • Metakognition • Imitation und Nachahmung/Gefühlsansteckung • Kooperation und Vertrauen • Verständnis von Fairness • Abneigungen, nachtragend sein • Spielverhalten • Erziehung durch Elterntiere, nicht verwandte erwachsene Tiere und andere

Kognitive Ökologie	• Kognition im Zusammenhang mit Umweltherausforderungen • Kognitive Ökologie und Kommunikation
Emotionale Intelligenz	• Theory of mind (das Bewusstsein, dass andere nicht notwendigerweise dieselben Erfahrungen machen und Gefühle spüren wie das Tier selbst) • Empathie • Emotionale Kognition • Spielverhalten
Soziale Kognition	• Sozialdynamik • Kooperation • Koordination • Verhaltensflexibilität • Rudel- bzw. Gruppenführung
Persönlichkeit	• Unterschied zwischen Persönlichkeit und Temperament • Reaktiv • Mutig oder scheu • Risikofreudig oder risikoscheu • Ausdauer/Beharrlichkeit • Neugier • Vorhersehbare und unberechenbare Umstände • Verspieltheit • Geselligkeit • Aggression • Ängstlichkeit/Furchtlosigkeit • Selbstvertrauen • Offenheit für neue Erfahrungen • Vermittler/Leittier
Bewältigungsstrategien und der Umgang mit Stress	• Verschiedene Arten von Distress (negativ) und Eustress (positiv) • Bewältigungsstrategien • Reaktivität • Ausgeglichenheit • Belastbarkeit

Wir werden uns großteils damit beschäftigen, was Evolutionsbiologen als Lebenszyklusmerkmale und Lebenszyklusstrategien bezeichnen. In einem wegweisenden wissenschaftlichen Artikel definiert Stephen Stearns Lebenszyklusstrategien als „zur Lösung bestimmter ökologischer Herausforderungen mittels natürlicher Selektion simultan entstandene Merkmale."[51] Der Lebenszyklus eines Organismus bezieht sich darauf, wie dieser im Laufe seines Lebens wächst, überlebt und sich fortpflanzt. Beispiele für Lebenszyklusmerkmale sind Wurf- bzw. Brutgröße, fortpflanzungsfähiges

51 Stearns, „Trade-offs in life history evolution", 4.

Alter, reproduktive Phase, Körpergröße und Ernährung. Lebenszyklusstudien befassen sich damit, wie Organismen ihre Energie auf die miteinander konkurrierenden Prozesse von Überleben, Wachstum und Fortpflanzung aufteilen. Nachdem die Energieressourcen begrenzt sind, kommt es bei dieser Verteilung notwendigerweise zu evolutionären „Trade-offs": Investiert ein Tier etwa mehr Energie in sein Wachstum, steht weniger für Fortpflanzung und Überleben zur Verfügung.

Traditionell führen Biologen keine Lebenszyklusstudien an Hunden und anderen domestizierten Tieren durch: Diese gelten als Artefakte, welche nicht der natürlichen Selektion unterliegen und infolgedessen keine von Trade-offs geprägten Lebenszyklusmerkmale zeigen.[52] Im Gegensatz dazu argumentieren wir, dass Hunde – genau wie andere domestizierte Tiere – sowohl über Lebenszyklen als auch Trade-offs verfügen und erforschenswert sind.

Die Lebenszyklusstrategien der Hunde spiegeln die bewusste Manipulation der Trade-offs durch den Menschen wider: Indem wir unsere Interessen verfolgen, beeinflussen wir verschiedene Variablen. Zudem illustrieren sie die Tatsache, dass wir weniger Kontrolle ausüben, als wir gemeinhin annehmen.

Lebenszyklusstrategien stellen einen wichtigen Teil unserer spekulativen Reise in die Zukunft dar. Im Hinblick auf diese versuchen wir zu verstehen, was aus dem Haushund wird, wenn wir Menschen die Bühne verlassen. Was passiert, wenn Körperbau und Größe der Hunde einzig und allein der natürlichen Selektion folgen? Welche Lebenszyklusstrategien gleichen sich denen anderer Kaniden an? Um welche Kanidenarten handelt es sich dabei? Und wie lange dauert es, bis evolutionäre Veränderungen von Form und Verhalten stattfinden? Wie interagieren verschiedene Variablen wie Größe und Nahrungsstrategie? Könnten sich Hunde in einer posthumanen Welt wohlfühlen, weil sie über vielfältigeres Verhalten und größere morphologische Unterschieden verfügen als ihre wilden Verwandten?

Biologen interessieren sich auch für sogenannte Phänotypen. Der Phänotyp bezeichnet das Erscheinungsbild eines Tieres, welches aus dem Zusammenspiel von Erbanlagen und Umweltfaktoren resultiert.
Wie auch andere Säugetiere verfügen Hunde über eine große phänotypische Plastizität. Das heißt, dass ein und dasselbe Genom zahlreiche verschiedene

52 Es gibt einige bemerkenswerte Ausnahmen in der Forschung an Freigänger-Populationen. Boitani, Francisci, Ciucci und Andreoli schreiben etwa einen Abschnitt zu Fortpflanzung und Lebenszyklus in einem Artikel über Ökologie und Verhalten verwilderter Hunde in Italien („Population biology and ecology of feral dogs in central Italy").

physiologische, morphologische und Verhaltensmerkmale zur Folge haben kann. Die phänotypische Plastizität ermöglicht es Organismen, sich an verschiedene soziale und nichtsoziale Umweltbedingungen anzupassen. Sie erschwert es uns auch, vorherzusagen, wie die Individuen einer bestimmten Art – in diesem Fall *Canis lupus familiaris* – auf den posthumanen Evolutionsdruck reagieren werden. Rund um die Welt leben Hunde in den verschiedensten ökologischen Kontexten und variieren untereinander stark. Verallgemeinerungen lassen sich zwar nicht immer vermeiden, aber wir wollen die große phänotypische Vielfalt der Vierbeiner rund um die Welt im Hinterkopf behalten und unsere Aufmerksamkeit auf Individuen richten.

Wie sehen posthumane Hunde aus?

Um uns das Aussehen posthumaner Hunde vorzustellen, beschäftigen wir uns mit der Morphologie: dem Teilbereich der Biologie, welcher sich der physischen Form von Tieren und Pflanzen (darunter Form, Größe und Struktur) widmet. Dabei interessiert uns im Besonderen die funktionelle Morphologie, welche analysiert, inwiefern sich der Körperbau und seine Variationen auf Überleben und Fortpflanzung auswirken. Manche morphologischen Aspekte sind mit dem bloßen Auge erkennbar. So ist etwa der Größenunterschied zwischen einer Deutschen Dogge und einem Pekinesen nicht zu übersehen. Andere Aspekte, darunter die Form des Gehirns und verschiedener Muskeln oder die Größe des Scheitelkamms – einer Knochenleiste am Schädeldach – sind weniger offensichtlich, aber ebenso wichtig.

Viele – wenn nicht sogar alle – posthumanen Hunde sehen früher oder später anders als ihre domestizierten Vorfahren aus, wenn ihre physische Form dem Druck natürlicher anstatt künstlicher Selektion unterliegt. Maladaptive Körpergrößen und -formen verschwinden. Körperbau und Ohren, Nasen und Fell passen sich zumindest an das Klima und die Ernährungsstrategien im jeweiligen Verbreitungsgebiet an. Es ist klar, dass zukünftige Hunde anders sind als unsere aktuellen Gefährten. Wie genau sich ihr Erscheinungsbild jedoch im Laufe der Zeit verwandelt, lässt sich schwer sagen – allein schon darum, weil das Aussehen und vom Körperbau beeinflusste Verhalten unserer heutigen Hunde stark variiert.

Wie bereits betont halten Hunde unter allen Tieren – wild und domestiziert – den Rekord der größten phänotypischen Vielfalt. Diese ist das Resultat menschlicher Eingriffe in die Fortpflanzung: Wir sprengen die Grenzen natürlicher Selektion. Und nicht nur das: Abgesehen davon, dass wir die Ausprägung phänotypischer Merkmale der Hunde kontrollieren und menschliche Ziele statt Überlebensfähigkeit priorisieren, verpflanzen wir Hunde in verschiedenste geografische Regionen – ob ihre Morphologie diesen entspricht oder nicht. Ob ihre physische Form den Bedingungen der Ökosysteme, in denen sich posthumane Hunde zurechtfinden müssen, gewachsen ist, ist für Übergangshunde und Hunde erster Generation in erster Linie eine Glücksfrage.

Kommt es auf die Größe an?

Auf die Frage, welche Hunde in einer posthumanen Welt überleben würden, erhielten wir ausgesprochen oft Antworten in Bezug auf die Körpergröße. Selbst Menschen ohne biologischen Hintergrund nehmen an, dass diese ein entscheidender Faktor für das Überleben sei. Ihre Intuition trifft es auf den Punkt: In Studien zu funktioneller Morphologie und Lebenszyklus-Trade-offs ist die Körpergröße ist eine der wichtigsten Variablen.

Was die Größe betrifft, gibt es gute Argumente in beide Richtungen: Kleine Hunde könnten besser gestellt sein, weil sie weniger Futter benötigen, Höhlen graben oder in Beschlag nehmen und sich leichter vor Raubtieren und anderen Gefahren verstecken können. Andererseits könnten kleine Hunde verschiedenen Fressfeinden zum Opfer fallen, da sie nicht groß und stark genug sind, sich zu verteidigen. Im Gegensatz dazu könnten große Hunde eine Vielzahl an Feinden abwehren und aufgrund ihrer Größe selbst solche Beutetiere erlegen, denen kleine Hunde nicht gewachsen sind. Sie hätten zudem den Vorteil eines größeren Puffers zu Zeiten der Futterknappheit, da größere Körper mehr Energiereserven speichern können. Andererseits haben große Tiere in der Regel einen höheren Kalorienbedarf als kleine. Die Vorteile, die daraus resultieren, größere Tiere zu erbeuten, könnten durch einen höheren Kalorienbedarf wieder wettgemacht werden. Zudem ist es nur bis zu einem gewissen Punkt vorteilhaft, größer zu sein. Riesenrassen leiden häufig an Erkrankungen des Bewegungsapparates und anderen maladaptiven Merkmalen, die ihr Überleben ohne den Menschen erschweren würden.[53]

53 Siehe zum Beispiel Asher et al., „Inherited defects in pedigree dogs. Part 1: disorders related to breed standards" und Edmunds et al., „Dog breeds and body conformations with predis-

Generell hängt die Variation verschiedener Lebenszyklusstrategien fleischfressender Säugetiere oft mit Größenunterschieden zusammen. Unter den Kaniden zum Beispiel beeinflussen diese Fortpflanzungsstrategien, Geburtsgewicht, Wurfgröße, Alter der Jungtiere beim Entwöhnen, wann Unabhängigkeit von den Elterntieren erreicht wird, Reproduktionsfähigkeit und Lebenserwartung. Wie wir in den nächsten beiden Kapiteln feststellen werden, hängt die Körpergröße ausgewachsener Tiere auch mit Ernährung und sozialer Organisation zusammen. Größere Tiere sind in der Regel sozialer und leben in Gruppen: Gemeinsam lassen sich große Beutetiere leichter erlegen.[54]

Die Statur variiert im Zusammenhang mit Klima und Geografie, und Größenunterschiede beeinflussen die Überlebenschancen von Übergangshunden und Hunden erster Generation. Später passen sich posthumane Populationen an verschiedene geografische Bedingungen an. Vielleicht entstehen dabei Unterarten von Hunden.

Ökologen haben komplexe Algorithmen entwickelt, die dazu dienen, den Einfluss von klimatischen und geografischen Variationen auf die Evolution der Arten im Laufe der Zeit zu analysieren. Dabei wird ein besonderes Augenmerk auf Körpergröße und -form gelegt. Bereits bekannte ökogeografische „Regeln" erlauben uns, uns die langfristige Adaptation vorzustellen und zu spekulieren, ob am Ende große, kleine oder mittelgroße Hunde überwiegen.[55]

Die Bergmann'sche Regel besagt, dass die Körpergröße endothermer, das heißt warmblütiger, Wirbeltiere mit höheren Breitengraden wächst – darunter Menschen, Hunde und die meisten anderen Säugetiere, deren Körpertemperatur unabhängig davon, wo sie leben, konstant bleibt. Es wird angenommen, dass diese Regel sowohl zwischen- als auch innerartlich gilt. Je höher die Breitengrade, desto kälter ist es üblicherweise. Wir vermuten daher, dass größere Tiere in kälteren Klimaregionen besser gestellt sind als kleinere – möglicherweise weil es ihnen leichter fällt, Energie zu speichern. Im Laufe der Zeit könnte die Unterart posthumaner Hunde in Kanada und

position to osteosarcoma in the UK: a case-control study".

54 Siehe Bekoff, Daniel und Gittleman, „Life history patterns and the comparative social ecology of carnivores".

55 Jonathan Losos' *Improbable Destinies* bietet einen faszinierenden Einblick in die konvergente Entwicklung (Parallelevolution). Er schreibt über „evolutionäre Gesetze" bzw. Regeln, die sich immer wieder finden lassen, darunter die Bergmannsche und Allensche Regel. Evolutionäre Abstammungslinien entwickeln sich jedoch angesichts desselben evolutionären Drucks oft in unterschiedliche Richtungen. Heiße Klimazonen können etwa die Körpergröße sowohl verkleinern als auch vergrößern.

Sibirien tendenziell größer und die näher am Äquator lebende Unterart kleiner werden.

Eine weitere biologische Regel sagt die Beziehung von Körperbau und Klima voraus. Die Allen'sche Regel besagt, dass Tiere in kalten Klimazonen kürzere Extremitäten haben als Tiere, die in heißen Regionen leben. Posthumane Hunde in kalten Regionen könnten den heutigen Huskys oder Akitas gleichen – mit relativ kurzen Beinen –, während Hunde an heißeren Orten Greyhounds oder Salukis ähneln. Nachdem die Lebenszyklusmerkmale der Hunde stark von künstlicher Manipulation geprägt sind, könnten posthumane Hunde anfangs anderen ökologischen Regeln folgen als Tiere unter natürlicher Selektion.

Bei Säugetieren favorisiert die Evolution im Laufe der Zeit meist größere Tiere. Auf sehr lange Sicht könnten Hunde also immer größer werden. Andererseits tendieren größere Säugetiere zum Aussterben. Zudem gehen Wissenschaftler davon aus, dass sich kleine Tiere besser an Hitzestress anpassen können. Auf unserem immer wärmer werdenden Planeten ist dies vermutlich ein entscheidender Vorteil. Bereits jetzt dokumentieren Ökologen als Reaktion auf den Klimawandel eine langsame Verschiebung hin zu geringerer Körpergröße. Diese Veränderungen könnten in Zukunft schneller und schneller stattfinden. Eine Studie von Robert Cooke, Felix Eigenbrod und Amanda Bates aus dem Jahr 2019 sagt voraus, dass die beschränkte Anzahl ökologischer Strategien, die Säugetieren und Vögeln zum Überleben zur Verfügung steht, im Laufe der nächsten hundert Jahre weiter zurückgehen wird. In Hinblick auf die Wahrscheinlichkeit, dass Arten aussterben bzw. überleben, vermuten sie eine Tendenz hin zu „kleinen, schnelllebigen, sehr fruchtbaren, Insekten fressenden Generalisten."[56] Vielleicht werden die Hunde nach und nach kleiner.

Wir können uns kaum eine Zukunft vorstellen, in der der Klimawandel keine bedeutende Variable des Überlebens darstellt. Die zunehmende Forschungstätigkeit rund um die Frage, welche Lebenszyklusmerkmale Tieren helfen, sich an den schnellen Klimawandel anzupassen, kann heutigen und zukünftigen Ethologen helfen, ihre Vorhersagen zum posthumanen Hund zu verfeinern. Manche Säugetiere können dem Klimawandel wesentlich leichter „entrinnen" als andere.[57] Hunde sind vermutlich unter den widerstandsfähigeren Arten. Dies liegt nicht zuletzt auch an ihren enormen

56 Cooke, Eigenbrod und Bates, „Projected losses of global mammal and bird ecological strategies".
57 Ebenda.

Größenunterschieden: Manche – wenn auch nicht alle – Größen werden „funktionieren". Zudem verfügen Hunde über Vorteile wie flexibles Verhalten, Potenzial zur Tag- und Nachtaktivität und Nahrungsgeneralismus (sie können sich auf verschiedene Arten ernähren).

Variationen der Körperform

Was für die Größe der Hunde gilt, gilt auch für ihren Körperbau: Die Unterschiede sind enorm. Staffordshire Terrier sind klein und stämmig, Whippets gertenschlank und Dackel erinnern an Würste. Während es Theorien zum Einfluss der Größe eines Hundes auf seine Anpassungsstrategien gibt, ist es schwierig, vorherzusagen, welche Vor- und Nachteile verschiedene Körperformen haben und wohin sie sich im Laufe der Zeit entwickeln könnten.
In *Domestikation: Verarmung der Merkwelt* beschreibt Helmut Hemmer die Entwicklung „schlanker" und „stämmiger" Typen. Laut Hemmer sind die beiden Typen in Pferden am deutlichsten: Stellen Sie sich den Unterschied zwischen einem schlanken Vollblüter und einem schweren Kaltblutpferd wie einem Clydesdale vor. Vollblüter sind zum Erreichen hoher Geschwindigkeiten gebaut, während Arbeitspferde auf Kraft und Zugstärke hingezüchtet werden. Dieselben Unterschiede zeigen sich bei Hunden. Auch hier werden schlanke Greyhounds und Whippets auf Geschwindigkeit gezüchtet, während stämmige Bernhardiner oder Bullmastiffs auf Stärke und Kraft ausgelegt sind.[58]

Schlanke und stämmige Typen verkörpern funktionelle Trade-offs. Ein Trade-off ist im Grunde ein Kompromiss: Ein Tier entwickelt funktionelle, angepasste Merkmale, muss dafür aber andere Eigenschaften „aufgeben". Ein Hund kann beispielsweise nicht die Geschwindigkeit und Fitness eines Whippets und zugleich die Kraft und Stärke eines Mastiffs haben. Wer wird leichter überleben – die schnellen und wendigen Whippets oder die kräftigen, starken Mastiffs? Die Antwort: Je nachdem. Klein und schlank zu sein kann in mancher Hinsicht einen Vorteil darstellen (leichteres Verstecken, geringerer Nahrungsbedarf, größere Gewandtheit). Ein kräftiger, stämmiger Körperbau hingegen geht mit den Vorteilen größerer Muskelkraft und möglicherweise der Oberhand in körperlichen Auseinandersetzungen einher. Vielleicht entwickeln Hunde ihrer jeweiligen Nische entsprechend unterschiedliche Fähigkeiten: „Krafthunde" könnten sich jagdlich auf große

58 Hemmer, *Domestication*, 26.

Beutetiere spezialisieren, die überwältigt werden müssen und in Ökosystemen mit dichtem Unterholz triumphieren. Schnelle Hunde würden hingegen offene Landschaften und kleinere Beutetiere – Hasen, Mäuse und Insekten – bevorzugen.

Moderne Rassen verfügen über eine schwindelerregende Anzahl an Skelettvariationen und -kombinationen. Sie alle erfordern funktionelle Trade-offs: lange, dünne oder kurze, stämmige Beine; großer Schädel und kleiner Körper oder kleiner Schädel und großer Körper.[59] Hinzu kommen Tiere, deren Selektion auf eine bestimmte Form hin die physische Gesundheit beeinträchtigt. Die extrem verkürzten Beine von Corgis und Basset Hounds könnten deren Beweglichkeit einschränken, ohne funktionelle Vorteile zu haben. Selbst wenn kurzbeinige Hunde den Übergang zur posthumanen Welt überleben, lässt die natürliche Selektion diesen Körperbau vermutlich bald verschwinden.

Kaniden sind Hetzjäger: Das Laufen liegt ihnen im Blut, und sie gelten als Elitesportler unter den Tieren.[60] Wie unter uns Menschen gibt es jedoch auch in der Fitness der Hunde große Unterschiede. Manche Hunde sind – wie auch menschliche Sportler – wie Läufer gebaut und haben geschmeidige, schlanke Körper. Andere Rassen sind ganz und gar nicht wie Sportler gebaut. Gute Läufer sind nicht nur körperlich fit, sondern verfügen auch über die Lauftechnik und Bewegungseffizienz, die ihnen ermöglicht, sich energiesparend und effektiv fortzubewegen.

In einer Studie zu den Auswirkungen der Domestizierung auf Bewegungsapparat, Gangart und Bewegungseffizienz (2017) stellen Caleb Bryce und Terrie Williams die Hypothese auf, dass „wolfsartige" Hunde, darunter die nordischen Rassen wie Alaskan Malamuts und Norwegische Elchhunde, über größere aerobe Energieeffizienz verfügen: Sie sind ausdauernder, schneller und stärker als Rassen, deren Körperbau weniger mit ihren wilden Verwandten gemeinsam hat.[61] Die Daten der Wissenschaftler bestätigen deren Hypothese.

59 Siehe Lark et al., „Genetic architecture of the dog".
60 Bryce und Williams, „Comparative locomotor costs of domestic dogs".
61 Ebenda.

Der Schädel

Die Schädelform – darunter Schnauze, Augenhöhlen, Kieferknochen und Zähne – beeinflussen einerseits, wie Tiere sehen, riechen, hören und schmecken und andererseits, wie sie an ihre Nahrung kommen und diese verarbeiten. Vergleichen Sie die Schädelform von Fleisch- und Pflanzenfressern: Die Augenhöhlen der Fleischfresser sind in der Regel nach vorne gerichtet – optimal zum Anvisieren einer potenziellen Mahlzeit. Als Beutetiere tragen Pflanzenfresser ihre Augenhöhlen in der Regel seitlich am Kopf, was das periphere Sehen maximiert: Sie wissen, was sich in der Umgebung abspielt. Fleischfresser haben scharfe Eck- und Schneidezähne, um Fleisch zu beißen und zu reißen, während die flachen Zähne der Pflanzenfresser sich optimal zum Kauen und Mahlen vegetarischer Kost eignen.

Wissenschaftler, die Größe und Form der Schädelknochen untersuchen, fragen, wie die Domestizierung Kopf, Gehirn, Gebiss, Augen und Nase der Hunde verändert hat. Einer der Unterschiede zwischen Wölfen und Hunden ist die Größe des Scheitelkamms, einer Knochenleiste am Schädeldach. Der größere Scheitelkamm der Wölfe geht mit deren größerer Beißkraft einher. Möglicherweise sanken die Größe des Scheitelkamms und die Beißkraft im Laufe der Domestizierung, weil Hunde darauf trainiert wurden, Beutetiere zum Menschen zu bringen anstatt diese selbst zu fressen.[62] Vielleicht wird der Scheitelkamm posthumaner Hunde im Laufe der Zeit wieder größer und ermöglicht ihnen, die Kiefermuskulatur eines erfolgreichen Raubtiers zu entwickeln. Es könnte auch zu Veränderungen am Gebiss der Hunde kommen, um das Zerfetzen großer Fleischstücke zu erleichtern.

Die Schädelform hat sich im Laufe der Evolution auf viele weitere Arten verändert. Bemerkenswert ist unter anderem das Auftreten von Neotenie – unter frühen Ethologen als Kindchenschema bezeichnet – in Haushunden: Sie haben im Vergleich zu Wölfen einen deutlich abgerundeten Kopf mit einer hohen Stirn und großen Augen. Aufgrund dieser neotenen Merkmale erinnern Hunde – anders als ihre wilden Vorfahren – selbst im Erwachsenenalter an Babys. Wissenschaftler vermuten, dass Menschen auf neotene Merkmale ansprechen: Die Vierbeiner sehen dadurch weniger bedrohlich aus und wecken unser Fürsorgeverhalten. Blättern Sie ein Buch mit Fotos verschiedener Hunderassen durch, so stellen Sie fest, dass manche stärker ausgeprägte

62 Siehe zum Beispiel Andersson, „Were there pack-hunting canids in the Tertiary, and how can we know?"

neotene Merkmale haben als andere: Ein Shi-Tzu hat ein „Babygesicht", während ein Deutscher Schäferhund an einen Wolf erinnert.

Rassen mit besonders stark ausgeprägtem Kindchenschema sind zudem brachycephal: Französische Bulldoggen, Möpse, Boxer und ähnliche Rassen haben von der Nase bis zum Nacken gemessen kurze (brachy) Köpfe (cephal). Im Laufe der Zeit favorisierten Züchter immer kürzere Schnauzen und breitere Gesichter, um den erwünschten Effekt eines „eingedrückten Gesichts" zu verstärken. Möglicherweise haben wir diese Rassen bereits an ihre physiologischen Grenzen gebracht: Ihr Leben ist meist stark eingeschränkt.[63] Brachycephalie erschwert das Atmen, kann zu Verformungen des Gehirns führen und geht überdurchschnittlich häufig mit Atemwegsproblemen (brachycephales Syndrom) und einer geringeren Lebenserwartung einher. In extremen Fällen ist bei Rassen wie der Bulldogge der Schädel des Fötus im Verhältnis zum Geburtskanal der Mutter zu groß, was eine natürliche Geburt schwierig und gefährlich macht. Oft ist ein Kaiserschnitt nötig. Ohne Zuchtauswahl durch den Menschen wird die extreme Brachycephalie voraussichtlich verschwinden.

Ein weiteres auffälliges neotenes Merkmal ist der sprichwörtliche „Dackelblick". Juliane Kaminski und Kollegen verglichen die Schädel von Hunden und Wölfen und stellten fest, dass Hunde, nicht jedoch Wölfe über jene Gesichtsmuskeln verfügen, die ein Hochziehen der inneren Augenbrauen ermöglichen. Die Wissenschaftler glauben, dass das Bewegen der Augenbrauen das Kindchenschema verstärkt und „dem Gesichtsausdruck gleicht, den Menschen zeigen, wenn sie traurig sind. Der Hund könnte auf diese Weise Pflege- und Fürsorgeverhalten im Menschen wecken."[64] Im Zuge dessen soll es im Menschen zur Ausschüttung des „Liebeshormons" Oxytocin kommen.[65]

Kaminskis Forschung zeigt die Verbindung zwischen der Evolution anatomischer Merkmale (Gesichtsmuskulatur) und Verhaltenseigenschaften (Augenkontakt suchen). Nicht nur haben Wölfe kein Bedürfnis, Augenkontakt

63 Siehe Fawcett et al., „Consequences and Management of Canine Brachycephaly in Veterinary Practice: Perspectives from Australian Veterinarians and Veterinary Specialists". Die Autoren räumen ein: „Ob die heute gängige Selektion von Hunden mit immer kürzeren und breiteren Schädeln bereits ihre physiologischen Grenzen erreicht hat, ist umstritten." Sie kommen jedoch zu dem Schluss, dass manche Rassen kurz vor dem Ende stehen.

64 Kaminski et al., „Evolution of facial muscle anatomy in dogs".

65 Jede Menge Daten deuten auf die Rolle von Oxytocin in Mensch-Hund-Beziehungen hin. Dabei ist jedoch nach wie vor unklar, wie genau diese Beziehung aussieht. Zu „Oxytocin-Rückkopplungsschleifen" siehe Marshall-Pescini et al., „The Role of Oxytocin in the Dog-Owner Relationship".

mit Menschen herzustellen – ihnen fehlt auch die Muskulatur, die nötig wäre, um einen „Dackelblick" aufzusetzen. Hätten der Dackelblick und andere neotene Merkmale auch nur den geringsten adaptiven Vorteil, wenn wir nicht wären? Wären sie vielleicht sogar maladaptiv, wenn kein Mensch darauf anspräche? Die Antwort auf diese Frage wird uns für immer verborgen bleiben, jedoch ist es spannend, sie zu stellen. Auch regt sie zum Nachdenken darüber an, warum sich diese Eigenschaften ursprünglich entwickelten.

Das letzte Element, mit dem wir uns im Zusammenhang mit den Augen beschäftigen wollen, ist das Tapetum lucidum. Dabei handelt es sich um eine Gewebeschicht direkt hinter der Netzhaut, welche das sichtbare Licht durch die Retina hinaus zurückreflektiert. Dadurch erscheint die Welt nacht- oder dämmerungsaktiven Tieren, deren Augen über ein Tapetum lucidum verfügen, heller. Diese Gewebeschicht ist auch dafür verantwortlich, dass die Augen im Lichtkegel von Autoscheinwerfern grün oder gelb zu glühen scheinen. Die Tatsache, dass Hunde über ein Tapetum lucidum verfügen, liefert Hinweise auf ihre natürlichen Aktivitätszeiten und bietet den Hunden größere Flexibilität in der Nahrungssuche: Sie können zu unterschiedlichen Zeiten aktiv zu sein. Die Kombination von Nahrungsgeneralismus und der Möglichkeit, zu unterschiedlichen Zeiten zu jagen oder nach Futter zu suchen, ist ein Vorteil. Aktivitätsrhythmus und Nahrungsmuster hängen mit dem Teilen von Habitaten zusammen – ein Thema, mit dem wir uns im nächsten Kapitel beschäftigen.

Ohren, Rute und Fell

Abgesehen von den primären morphologischen Merkmalen wie Körperbau, Größe und Form des Schädels unterliegen auch die Form und Position der Ohren und der Rute sowie Länge und Beschaffenheit des Fells dem selektiven Druck durch den Menschen. Unsere Zuchtauswahl ist in dieser Hinsicht in erster Linie ästhetisch bedingt. In einer posthumanen Welt ist dies kein Faktor mehr – schon gar nicht für die Hunde selbst. Stattdessen kommt es auf die Funktionalität an.

Wie bei den Schnauzen sehen wir auch an den Ohren viele verschiedene und teils höchst amüsante Größen und Formen: Stehohren, Knickohren, Schlappohren und sogar eine Kombination beider Ohrtypen am selben Hund.

Welcher Ohrentyp sich am vorteilhaftesten herausstellt, hängt – wie so viele Eigenschaften – davon ab, wo und wie posthumane Hunde leben. Die heutigen wilden Kaniden haben keine Schlappohren: Diese sind ein Nebeneffekt der Domestizierung. Möglicherweise werden Hunde unter natürlicher Selektion früher oder später wie ihre wilden Cousins Stehohren tragen.

Ohren dienen in erster Linie dem Hören: Auf Basis dessen, was in der Umgebung akustisch wahrgenommen wird, kann der Hund entscheiden, wie er sich verhalten soll. Selbstständig lebende Tiere müssen das Rascheln potenzieller Beutetiere im Laub oder einen näherkommenden Freund oder Feind hören. Wie gut das Gehör sein muss und welche Geräusche nicht versäumt werden dürfen hängt in erster Linie davon ab, wie zukünftige Hunde sich ernähren: Sie müssen gut genug hören, um einerseits ausreichend Nahrung zu finden und andererseits nicht selbst auf dem Mittagstisch eines Feindes zu landen. Ob Hunde mit Stehohren deutlich besser hören als Hunde mit Schlappohren und ob große Ohren schärfer sind als kleine ist nicht bekannt. Jedoch können wir davon ausgehen, dass alle Übergangshunde – abgesehen von schwerhörigen oder tauben Individuen – gut genug hören, um sich in ihrer Welt zurechtzufinden. Ein Nachteil von Schlappohren und einer der Gründe, dass diese nach und nach verschwinden könnten, ist, dass sie infektionsanfälliger sind als Stehohren. Unbehandelt können chronische Ohreninfektionen zu Taubheit führen.[66]

Ohren erlauben Hunden nicht nur, die Geräusche der Umgebung wahrzunehmen, sondern dienen auch der auditiven und visuellen Kommunikation mit Artgenossen. Möglicherweise erlauben Ohren bestimmter Größe und Form ein breiteres körpersprachliches Ausdrucksrepertoire als andere. Wie Stephen Spotte in *Societies of Wolves and Free-ranging Dogs* schreibt, könnten manche Ohren auch „zu deformiert" sein, um der Kommunikation zu dienen.[67]

Wie fast alle physischen Merkmale gehen auch Ohren mit Trade-offs einher. Wahrscheinlich werden Größe und Form je nach Klima, Geografie und den üblichen Beutetieren zukünftiger Hunde lokal variieren. Große Ohren sind schärfer als kleine, können aber bei extremer Kälte einen Nachteil darstellen: Je größer die Oberfläche der Ohren, desto mehr Körperwärme geht verloren. In kalten Gegenden könnten kleinere Ohren und ein damit einhergehendes etwas geringeres Hörvermögen den Trade-off des Wärmeverlustes wettmachen. In warmen Regionen hingegen ist dieser Trade-off nicht

66 Perry et al., „Epidemiological study of dogs with otitis externa".
67 Spotte, *Societies of Wolves and Free-ranging Dogs*, 55.

nötig. Nicht nur hören große Ohren gut – sie helfen auch dabei, mit hohen Temperaturen zurechtzukommen. Die auffallend großen Ohren des Wüstenfuchses illustrieren den Zusammenhang zwischen Ohren und Habitat sehr deutlich: Sie geben Wärme ab und helfen dem Fennek, seine Körpertemperatur zu halten.

Wir wollen uns nun weiter nach hinten bewegen und einen Blick auf die Rute werfen. Wie wichtig ist diese zum Überleben, und welche Funktion erfüllt sie? Wie bei den Ohren können wir auch hier wilde Kaniden zum Ausgangspunkt nehmen. Sie alle haben Schwänze. Wir gehen davon aus, dass Ruten tragende Hunde im Allgemeinen besser gestellt wären als Tiere mit kurzen oder fehlenden Ruten (natürliche „Bobtails"). Demzufolge würde die stabilisierende Selektion den Schwanz zurückbringen. (Als stabilisierende Selektion bezeichnet man die Selektion eines Phänotyps rund um einen Mittelwert wie eine bestimmte Farbe, Laufgeschwindigkeit oder Länge der Extremitäten.) Ruten erfüllen als Indikatoren der Gemütslage und der Absichten eine wichtige soziale Funktion. Sie drücken Aggression, Unterwürfigkeit, Paarungsbereitschaft, Wut, Verspieltheit, Ruhe, Unsicherheit und viele weitere Gefühle und Intentionen aus. Rutenlosen Hunden fehlt ein entscheidendes Kommunikationswerkzeug, was sich negativ auf das Verständnis mit Artgenossen und die Interaktion innerhalb von Gruppen oder Rudeln auswirken könnte. Schwänze stellen auch einen Vorteil in der Kommunikation mit Kojoten und Wölfen, mit welchen sich Hunde verpaaren könnten, und Individuen anderer Arten dar. Zudem helfen sie beim Halten des Gleichgewichts: Beobachten Sie einen Hund dabei, über einen Baumstamm zu balancieren oder mithilfe eines Luftsprungs eine Frisbeescheibe zu fangen, und sie werden feststellen, dass die Rute geschickt als Gegengewicht eingesetzt wird.

Ein unbekannter, jedoch wichtiger Faktor ist die Frage, ob die Gene für fehlende, lange oder Ringelruten adaptive, d. h. evolutionär vorteilhafte Merkmale als genetische Hitchhiker mitbringen, was deren natürliche Auslese beeinflussen könnte.

Wie der Rest des Hundekörpers ist auch die Rute mit Fell bedeckt, dessen Farbe und Struktur stark vom Domestizierungsprozess beeinflusst wurde.[68] Farbe, Zeichnung, Struktur und Länge sind je nach Hunderasse ganz unterschiedlich und stellen markante Rassemerkmale dar: der getupfte Dalmatiner, der silberne Weimaraner, der Komondor mit seinen Dreadlocks, der seidige Afghane.

68 Parker et al., „The bald and the beautiful".

Während die Vielfalt von Fellfarbe und -beschaffenheit in domestizierten Arten groß ist, findet wir in Wildtieren weniger Variationen. Manche Selektionsfaktoren, die im Zusammenhang mit dem Fell wilder Tiere relevant sind, wirken nicht auf domestizierte Arten wie Hunde. Helmut Hemmer nennt als Beispiel die Notwendigkeit einer Tarnfarbe, die dem Schutz vor Raubtieren dient.[69] Verschwindet der von Raubtieren und Fressfeinden ausgehende selektive Druck, steigt die Vielfalt der Variationen. Ein weiterer Selektionsfaktor auf Fellbeschaffenheit und -länge, der auf wilde Arten, nicht jedoch auf Haustiere wirkt, ist das Klima. Auch hier steigt die Vielfalt für domestizierte Arten. Zusätzlich wachsen die Unterschiede durch die menschliche Selektion bestimmter Farben und Felltypen, was jedoch auch zur Folge hat, dass das Potenzial für ein dem Lebensraum nicht entsprechendes Fell groß ist, wenn der Mensch verschwindet.

Vierbeiner, die flauschige Wintermäntel tragen oder zum Schutz der Pfoten in Stiefelchen über den heißen Asphalt trippeln, amüsieren uns vielleicht. Viele Hunde, die das Verschwinden des Menschen hautnah miterleben, werden jedoch mit der Diskrepanz zwischen dem eigenen Körper und ihrem Habitat zu kämpfen haben: Unsere aktuelle Zucht- und Hundehaltungskultur setzt sich über ökologische Regeln und klimatische Grenzen hinweg. Der Felltyp ist eines der daraus resultierenden Probleme für posthumane Hunde. Die Menschenwelt macht extreme klimatische Bedingungen gegenstandslos: Familienhunde verfügen in der Regel über eine temperaturgeregelte Unterkunft, die das Verhältnis von Fellbeschaffenheit zu Außentemperatur unwichtig macht. In einer posthumanen Welt werden sich flauschige Hirtenhunde in Mexico City und kurzhaarige Greyhounds in Alaska allerdings schwertun, ohne menschliche Unterstützung mit extremen Umweltbedingungen zurechtzukommen.

Die Domestizierung hat auch unterschiedliche Zeichnungen wie dreifarbiges oder gestromtes Fell und weiße „Socken" hervorgebracht, welche wir in der Regel nicht bei wilden Kaniden sehen. Im Laufe der Zeit werden die Hunde diese Zeichnungen verlieren und einander farblich ähneln. Welche Farben bzw. Muster sich durchsetzen können, hat mit Raubfeinddruck und ökologischem Kontext zu tun. Möglicherweise müssen Hunde in bestimmten Ökosystemen ihre Farbe und Fellbeschaffenheit der jeweiligen Jahreszeit anpassen, wie es etwa der Polarfuchs tut, der im Winter weiß und im Frühling und Sommer bräunlich ist. Studien weisen darauf hin, dass in niedrigen Breitengraden eine dunkle Pigmentierung vorteilhaft ist: Diese schützt

69 Hemmer, *Domestication.*

besser vor der UV-Strahlung.[70] Dieser Faktor könnte sich ebenfalls auf die Fellfarbe zukünftiger Hunde auswirken.

Auch andere Fellmerkmale könnten das Leben von Übergangshunden und Hunden erster Generation erschweren. Langhaarige Hunde, deren Fell verfilzt, wenn es nicht regelmäßig gebürstet wird, leiden – genau wie faltige Hunde wie der Shar Pei – häufig unter Hautinfektionen. Gordon Setter und manche andere Rassen haben sogenannte Fahnen – extrem lange Haare – an den Beinen. Ebenso problematisch ist das lange, die Sicht einschränkende Deckhaar von Bichon Frise, Shih Tzu, Komondor und ähnlichen Rassen.

Mittlerweile haben wir eine Reihe Indizien gesammelt, wie sich die Hunde morphologisch entwickeln könnten, wenn die künstliche Selektion wegfällt. Zudem haben wir grob skizziert, welche körperlichen Eigenschaften einen adaptiven Vorteil mit sich bringen und welche die Überlebenschancen reduzieren könnten. Es fehlt aber noch viel, um unser Bild vom posthumanen Hund zu komplettieren! Im nächsten Kapitel wollen wir uns mit zwei ausgesprochen wichtigen Themen beschäftigen: Nahrung und Sex.

70 Dem Leser, der mehr über Wetter, Klima und Thermoregulation erfahren will, empfehlen wir Silva und Campos Maias *Principles of Animal Biometeorology*. Auf Seite 119 besprechen die Autoren die möglichen Vorteile dunkler Pigmentierung in niedrigen Breitengraden.

4. Nahrung und Sex

Eine Freigängerin wird mitunter im Hof angebunden, um zu garantieren, dass sie sich um ihre Welpen kümmert.

Wen oder was Tiere fressen und mit wem sie sich paaren sind die wichtigsten Variablen in der Frage, ob Hunde ohne uns überlebensfähig sind. Ganz klar: Individuen, die nichts zu fressen finden, sterben. Gibt es keine Möglichkeit zur Fortpflanzung, verschwindet *Canis lupus familiaris* überhaupt. Zugleich sind diese beiden Faktoren genau jene, die wir Menschen derzeit am stärksten und häufigsten zu eigennützigen Zwecken kontrollieren und manipulieren. Hunde, die sich ein Zuhause mit Menschen teilen, in Tierheimen, Zwingern oder Zuchtgruppen leben, fressen nur dann und nur das, was wir ihnen zuteilen. Obwohl verwilderte Hunde und Freigänger nicht direkt vom Menschen abhängen, was die Nahrungsaufnahme betrifft, so verlassen sich doch viele in erster Linie auf anthropogene Ressourcen wie Essensreste, Mülldeponien und Futteralmosen.

Familienhunden machen wir die Fortpflanzung entweder unmöglich, indem wir sie kastrieren bzw. sterilisieren, sozial isolieren oder von Artgenossen fernhalten. Alternativ verpaaren wir sie bewusst mit einem anderen Hund unserer Wahl, um unsere Wunschwelpen zu erhalten. Die Fortpflanzung der Freigänger wird weniger stark manipuliert. In vielen Teilen der Welt versuchen Menschen dennoch, „unkontrollierte" Fortpflanzung zu verhindern. Dies geschieht sowohl mittels Kastrationsprojekten wie der bewussten Vernichtung potenzieller Hundemütter und -väter.

Unser viertes Kapitel beschäftigt sich damit, wie posthumane Hunde diese beiden Grundbedürfnisse befriedigen können, ohne auf die Hilfe des Menschen angewiesen oder seinem Einfluss ausgeliefert zu sein.

Futter: Die Speisekarte als Eckpfeiler des Überlebens

Nahrung und Ernährungsstrategien gehören zu den Variablen, mit denen sich Biologen im Zuge von Lebenszyklusstudien beschäftigen. Die Futtersuche wird für die meisten posthumanen Hunde eine Herausforderung darstellen, ganz gleich, wo sie leben. Versiegt die menschengemachte Nahrungsquelle, müssen sich Übergangshunde schnell und flexibel auf die neue Situation einstellen und etwas anderes zu fressen finden.

Beständige Nahrungs*muster* entwickeln sich im Laufe der Zeit, während sich die Tiere an ihr lokales Ökosystem anpassen. Auch das Verteidigen von Nahrung stellt dabei eine große Herausforderung dar: Findet ein Tier nichts zu fressen oder wird selbst zur Mahlzeit eines anderen, ist das Spiel zu Ende.

Wie andere Wildtiere müssen auch posthumane Hunde ein Gleichgewicht zwischen den aufgenommenen und zum Überleben verbrauchten Kalorien finden. Unter den Faktoren, welche Nahrungsstrategien beeinflussen, finden sich die anatomischen und physiologischen Grenzen dessen, was bzw. wen Hunde fressen können, welche Beutetiere vorhanden sind, die Verteilung geeigneter Nahrung im Streifgebiet bzw. Revier, jahreszeitliche Variationen der Futterressourcen und der Wettbewerb mit anderen Tieren. Zudem hängt die Nahrungsökologie mit Sozialverhalten, sozialer Organisation, Fortpflanzung und auch damit zusammen, wie die Hunde ihren neuen Lebensraum nutzen.

Erinnern Sie sich daran, dass Kaniden Hetzjäger sind. Ihr Markenzeichen ist die Fähigkeit, Beutetiere über große Distanzen zu verfolgen und diese nach und nach zu ermüden. Im Laufe der Evolution haben sie große Flexibilität bewiesen, was das Anpassungsvermögen ihrer Ernährungsstrategien an die Besonderheiten unterschiedlicher Ökosysteme betrifft. Viele unterschiedlichen Speisekarten spiegeln dies wider: Manche Kaniden ernähren sich fast ausschließlich von Säugetieren, während andere Allesfresser sind und neben Wirbeltierfleisch auch Insekten oder Pflanzen zu sich nehmen. Der Wolf wird als obligater Karnivore bezeichnet, weil auf seiner optimalen Speisekarte in erster Linie Fleisch steht.[71] Hunde sind Allesfresser und können vermutlich auf Basis verschiedenster Menüs – darunter frisches Fleisch, Aas, Insekten und Pflanzen – nicht nur überleben, sondern sogar prosperieren.

Hunde und andere Tiere fressen nicht nur – sie müssen auch trinken. Wasser ist eine ebenso wertvolle Ressource wie Futter und hängt eng mit der Ernährung zusammen. Das Vorhandensein oder Fehlen von Trinkgelegenheiten sowie deren Qualität ist somit auch ein wichtiger Faktor für posthumane

71 Allesfresser – darunter der Haushund – kommen gut damit zurecht, ihre Kalorien aus einer bunten Mischung an Nahrungsquellen zu beziehen. Ein Allesfresser kann Nährstoffe und Futterenergie sowohl aus tierischem als auch pflanzlichem Gewebe gewinnen – und manchmal sogar aus Dingen, die wir nicht für essbar halten. Kojoten etwa haben einen unglaublich diversen Speiseplan. In einer Studie, im Zuge derer Kojotenkot analysiert wurde, fand man Reste von Gummibällen, Gummistiefeln, Handschuhen, Baumwolle und anderen nicht essbaren Dingen. Insgesamt befanden sich circa sechzig verschiedene Stoffe im Kot der Kojoten. Feldforscher kategorisieren den „allesfressenden Karnivoren" in der Regel als eine Art, deren typische Mahlzeit zu weniger als fünfzig Prozent aus Fleisch besteht. „Fleischfressende Karnivoren" hingegen verlassen sich zu mehr als fünfzig Prozent auf Fleisch.

Hunde. Vom Wasser hängt ab, wie viele Hunde in einem bestimmten Gebiet leben und welche Art von Futter ihnen zur Verfügung steht: Auch Pflanzen, Insekten und andere Tiere sind auf Wasser angewiesen.

Wer bzw. was steht auf dem Speiseplan posthumaner Hunde?

Wir wollen damit beginnen, uns die Ernährung heutiger Hunde anzusehen. Vielleicht hilft uns diese, uns vorzustellen, was die posthumane Speisekarte bereithält. Die Ernährung von Familienhunden variiert stark und hängt damit zusammen, was deren Besitzer für besonders nahrhaft, günstig bzw. einfach halten. Auch ein ansprechendes Packungsdesign spielt eine Rolle. Viele Familienhunde fressen kommerziell hergestelltes Trocken- oder Dosenfutter. In der Regel enthält dieses eine Proteinquelle – oft handelt es sich dabei um Schlachtabfälle wie Hufe, Schnäbel, Nasen und Fell, welche uns Menschen ungenießbar erscheinen – in Kombination mit Getreide, Gemüse oder Obst.

Für Freigänger sieht die Sache anders aus. Studien zufolge besteht deren übliches Menü aus einer Kombination menschengemachte Nahrungsmittel – darunter Abfall –, menschlicher Fäkalien[72]; Speiseresten und anderen Futteralmosen, überfahrenem Wild und weiterem Aas sowie kleinen und mittelgroßen Tiere, die jagdlich erbeutet werden. Zu den Beutetieren zählen Reptilien, Vögel, Hasen, Mäuse, Rehe und Impalas (eine Antilopenart). Wissenschaftler, die den Kot von Freigängern in Alabama untersuchten, fanden Reste von Abfall, Gras, Blättern, Insekten, Kaninchen, Mäusen, Gopherschildkröten und Kakifrüchten.[73] Der Verhaltensökologe Thomas Daniels beobachtete einen Freigänger, welcher die Überreste anderer Hunde verzehrte.[74] Hunde wurden beim Fressen kleiner Beutetiere wie Mäuse und gelegentlich größerer Tiere wie Kudus (ebenfalls eine Antilopenart) und Weißwedelhirschen beobachtet.[75] Hunde sind auch dafür bekannt, gelegentlich Nutztiere wie Schafe zu töten. Freigänger haben zumindest manchmal Jagderfolg. Das Verhältnis von Jagdversuchen und erfolgreichem Erlegen der Beute ist

72 Siehe Butler, Brown und Du Toit, „Anthropogenic Food Subsidy to a Commensal Carnivore: The Value and Supply of Human Faeces in the Diet of Free-Ranging Dogs".
73 Spotte, *Societies of Wolves and Free-ranging Dogs*, 143.
74 Daniels, „Conspecific scavenging by a young domestic dog".
75 Siehe zum Beispiel Young et al., „Is Wildlife Going to the Dogs? Impacts of Feral and Free-roaming Dogs on Wildlife Populations".

jedoch nicht bekannt.[76] Ebenso wenig wissen wir, ob bzw. wie häufig Freigänger kooperativ jagen. Es gibt vereinzelte Beobachtungen kleiner Hundegruppen, die zusammenarbeiten, um Beutetiere zu reißen. In der Regel scheinen die heutigen Hunde ihr Futter jedoch im Alleingang zu erlangen.[77]

Nahrungsstrategien: Wie kommt der Hund zu seiner Mahlzeit?

Das Aufspüren von Nahrung geht mit körperlichen, sozialen und kognitiven Voraussetzungen einher. Die notwendigen körperlichen Fähigkeiten müssen der Art der Beute und den einzigartigen Gegebenheiten verschiedener Ökosysteme entsprechen: Das Fangen von Insekten erfordert eine hohe Reaktionsgeschwindigkeit, während das Verfolgen und Erlegen von Säugetieren Geduld, Impulskontrolle, Geschwindigkeit und Ausdauer verlangt. Je nachdem, hinter welchen Beutetieren Hunde her sind, laufen sie zum Beispiel im anaeroben Bereich, wenn sie schnell oder mehrmals hintereinander kurze Sprints hinlegen. Andererseits bewegen sie sich im aeroben Bereich, wenn sie sich an ihre Beute anschleichen und dieser über weite Strecken hinweg folgen. Hunde, die im Dickicht jagen, müssen kräftig genug sein, um sich durch Blattwerk und Gebüsch zu kämpfen, während in trockenen, offenen Landschaften Geschwindigkeit und Wendigkeit essenziell sind.

Zudem brauchen Hunde die notwendige Stärke, um Beutetiere zu überwältigen, die Beißkraft, um effektiv zu töten, und kräftige Kiefer, um das Fleisch von den Knochen zu reißen. Möglicherweise ist die zum Überwältigen und Fressen großer Beutetiere notwendige Muskulatur im Laufe der Domestizierung verloren gegangen. In diesem Fall ist zu erwarten, dass kleinere Säugetiere, Wirbellose und Pflanzen zur Hauptfutterquelle der Hunde werden. Auch könnten große und kleine Hunde unterschiedliche Nahrungsstrategien entwickeln. Terrier, deren Größe ein Eindringen in Kaninchenbaue ermöglicht, könnten durchaus andere Praktiken entwickeln als Greyhounds, die anderen Hunden in Beschleunigungsvermögen und Geschwindigkeit überlegen sind.[78]

76 Stephen Spotte beobachtet etwa: „Drei Hunde in St. Louis wurden 61 Mal beim Jagen von Eichhörnchen in einem Park beobachtet. Dabei war die Jagd kein einziges Mal erfolgreich." Spotte, *Societies of Wolves and Free-Ranging Dogs*, 143. Marc beobachtete einige dieser Eichhörnchenjagden und erkannte auf den ersten Blick, dass das Eichhörnchen entwischen würde, weil es sich in vielen Fällen um Spielverhalten (und nicht um Jagdverhalten) zu handeln schien.

77 Siehe Gompper, *Free-Ranging Dogs & Wildlife Conservation*.

78 Unsere Lektorin stellte fest: „Dieses Beispiel erinnert mich stark an ein Buch, das ich als Kind gelesen habe: *Desert Dog* von Jim Kjelgaard. Es handelt von einem Greyhound, der in

Soziale Fähigkeiten – etwa die eindeutige Kommunikation von Absichten, Wünschen und unmittelbar bevorstehenden Verhaltensweisen sowie das Kooperationsvermögen – entscheiden, ob und wie geschickt Hunde in Gruppen bzw. Rudeln jagen und kollektiv Entscheidungen treffen. Dies wiederum hat Auswirkungen auf die Größe der erlegbaren Beutetiere und darauf, wie viel Zeit ein Individuum in die Nahrungsbeschaffung investieren kann bzw. muss. Ob es am sinnvollsten ist, alleine, paarweise oder in größeren Gruppen bzw. Rudeln zu leben, hängt mit den örtlichen ökologischen Gegebenheiten und dem Nahrungsangebot zusammen.

Die Erkenntnis, wie sich ein bestimmtes Ziel am besten erreichen lässt, stellt auch eine kognitive Herausforderung dar: Welche Strategien lassen sich zum Aufspüren und Erlegen diverser Beutetiere entwickeln? Wie koordinieren die Gruppenmitglieder verschiedene Aufgaben? Da Hunde Nachkommen der Wölfe sind, verfügt ihr Gehirn bereits über die dem Raubtierverhalten zugrunde liegende kognitive Architektur. Eine interessante Frage ist dabei jedoch, ob sie einen Vorteil aus den von uns selektierten jagdlichen Verhaltensweisen ziehen: Sind Hüten (Border Collie), Vorstehen (Deutsch Kurzhaar) oder Jagen (Greyhound) in einer posthumanen Welt nützlich? Oder könnte das Raubtierverhalten im Zuge der Domestizierung so weit verändert worden sein, dass Hunden das Erlegen von Beute ungleich schwerer fällt als ihren Ahnen? Menschen haben, wie ein Rezensent dieses Buches bemerkt, die Jagdsequenz mancher Rassen verkürzt – besonders bei Retrievern und Spaniels, bei denen auf das Fehlen von „Töten" und „Fressen" – ursprünglich die letzten Glieder in der Jagdverhaltenskette – Wert gelegt wird.

Kognitive Fähigkeiten werden auch mitbestimmen, ob bzw. wie Hunde Nahrung miteinander teilen und Überbleibsel für später horten. Manche Hunde könnten Futter verstecken, was mit ihrer Fähigkeit, sich an die Lage einzelner Verstecke und deren Inhalt zu erinnern, zusammenhängt. Rotfüchse etwa sind bekannt dafür, dass sie „Buch führen", indem sie geleerte Verstecke markieren und in Zukunft nicht mehr zu diesen zurückkehren.[79] Posthumane Hunde könnten eine ähnliche Strategie anwenden, um ihre Reserven im Überblick zu behalten.

der Wüste ausgesetzt wird und sich anpassen muss, wenn er überleben will." Kjelgaards fiktives Werk berichtet von den Abenteuern von Tawny, Sable und Brutus und stellt zugleich eine bemerkenswert überzeugende Erzählung über Hunde dar, die Rudel bilden, Freunde finden, miteinander streiten und lernen, ohne menschliche Hilfe zu jagen und zu überleben.

79 J. David Henry, „Red Fox".

Die Raubtier/Beute-Medaille hat zwei Seiten: Einerseits müssen die Beutetiere der Hunde Abwehr-, Flucht- oder Verteidigungsstrategien finden. In der Regel denken wir zuerst an aktives Weglaufen, wenn wir uns diese vorstellen. Das ist jedoch bei Weitem nicht die einzige Taktik: Beutetiere können auch ihr eigenes Fressverhalten ändern, sich zu anderen Zeiten oder an anderen Orten bewegen oder abwandern, wenn sie ihren Lebensraum mit Feinden teilen.

Verschiebt sich das Verhalten von Beutetieren, kommt es oft auch zu Veränderungen der Pflanzengesellschaft, Insekten und Mikroorganismen im Ökosystem. Der Einfluss unserer heutigen Familienhunde und Freigänger auf Wildtiere erlaubt einen Blick in die Zukunft: In einem Artikel über Hunde als Raubtiere und trophische Regulation (die Auswirkung von Verhalten auf die Funktion eines Ökosystems) schreiben Euan Ritchie und seine Kollegen, dass Hunde Wildtiere nicht nur jagen und töten. Sie üben bereits Einfluss auf diese aus, indem sie Angst verbreiten. Diese wiederum verändert das Verhalten, die Physiologie, die Nutzung des Habitats und den Fortpflanzungserfolg der Beutetiere.[80]

Nachdem auch Hunde in die Nahrungskette eingebunden sind, sind sie nicht nur Prädatoren, sondern werden auch selbst zur Beute. Sie müssen schnell lernen, sich auf jene Tiere, die Bello für einen delikaten Happen halten, einzustellen. Je nachdem, wo ein Hund lebt, könnte er zur Beute von Adlern, Pumas, Tigern, Wölfen, Kojoten, Hyänen und anderen Raubtieren werden. Kleine Hunde könnten sogar am Speiseplan größerer Artgenossen stehen.

Obwohl Hunde als domestizierte Tiere großteils vom Raubfeinddruck sicher sind, ist es wahrscheinlich, dass sie nach wie vor über Abwehrmechanismen wie Sensibilität gegenüber bestimmten visuellen, akustischen und chemosensorischen Signalen in Urin und Kot verfügen. Eine in *Animal Cognition* veröffentlichte Studie stellt fest, dass der Geruch potenzieller Feinde selbst dann Furcht in Hunden auslöst, wenn diese noch nie die Rolle eines Beutetiers gespielt haben: Nicht trainierte Haushunde erkennen den Duft der Exkremente Europäischer Braunbären und Eurasischer Luchse. Sie halten sich kürzer in der Umgebung der Raubtiergerüche als in der Nähe des Exkrementalgeruchs Europäischer Biber – einer pflanzenfressende Art – oder Wasser (der Kontrollsubstanz) auf. Zudem steigt die Herzfrequenz der Hunde in Gegenwart der Raubtiergerüche.[81]

80 Ritchie et al., „Dogs as predators and trophic regulators", 58.
81 Samuel et al., „Fears from the past?"

Viele Tiere – darunter auch wir Menschen – bedienen sich mentaler Abkürzungen: Skripten für den Umgang mit bestimmten Situationen bzw. Faustregeln. Dabei handelt es sich um erlernte oder angeborene Methoden, die der Effizienzmaximierung kognitiver Prozesse und Entscheidungen dienen. Ein Kaniden-Skript könnte lauten: „Verfolge alles, was sich auf eine bestimmte Art bewegt! Höchstwahrscheinlich handelt es sich um ein Beutetier!" Diese Regel könnte auch erklären, warum Hunde manchmal im Wind flatternde Plastiktüten oder Blätter jagen. Eine weitere denkbare Faustregel ist: „Ein Spatz in der Hand ist besser als eine Taube auf dem Dach." Es macht mehr Sinn, zu fressen, was man bereits im Maul hat, als es fallen zu lassen, um einen frischeren und unter Umständen köstlicheren, aber flüchtenden Bissen zu verfolgen.

In einer der wenigen Studien zu kognitiven Skripten von Hunden befasst sich ein Team von Wissenschaftlern mit der Ernährungsökologie der Freigänger in und rund um die indische Stadt Kalkutta. Sie stellen fest, dass Hunde, die in Müllhalden und -tonnen nach Futter suchen, Fleisch gegenüber kohlenhydratreichen Küchenabfällen bevorzugen. Die Hunde wenden eine Faustregel an, um möglichst viel Protein zu ergattern: „Wenn es nach Fleisch riecht, friss es." Rohan Sarkar, Shubhra Sau und Anindita Bhadra schreiben: „Wir boten den Hunden drei verschiedene Körbe an: eine Mischung aus Abfall und Brot (10), Abfall und Hühnerfleisch (10) sowie Abfall mit Brot und Huhn (5 + 5). Die Hunde wandten die Faustregel an und fraßen das Protein zuerst, ließen aber auch die Kohlenhydrate nicht links liegen. Der Einsatz der Nase erlaubte ihnen, die Menge an Fleisch, die sie aufnahmen, gegenüber dem ebenfalls in den Körben befindlichen Abfall zu maximieren. Diese hocheffektive Taktik der Nahrungssuche dient dem Zweck, einerseits möglichst viel zu fressen und andererseits die beliebtesten Happen zu priorisieren. Vermutlich handelt es sich dabei um eine bewährte Überlebensstrategie in einer heterogenen, vom Menschen dominierten Umwelt."[82]

Optimale Ernährung, Kalorienbedarf, Zeit- und Energiehaushalt

Wen bzw. was Hunde fressen deckt sich nicht unbedingt mit ihrer optimalen Ernährung – individuelle Speisepläne unterscheiden sich stark. Im Allgemeinen deckt jedoch eine Kombination aus Protein, Kohlenhydraten, Fetten, Mineralien und Vitaminen die physiologischen Bedürfnisse am besten

82 Sarkar, Sau und Bhadra, „Scavengers can be choosers", 38.

ab. Dabei gibt es zwar sicher eine *ideale* Kombination an Nährstoffen, aber die wichtigste Frage für posthumane Hunde ist simpler: Was ist in meinem Habitat zum Überleben nötig, und wie komme ich an die entsprechenden Happen?

Wie viel muss ein Hund fressen, um zu überleben? Die meisten Hunde benötigen 50 bis 60 Kalorien pro Kilo Körpergewicht, um weder zu- noch abzunehmen. Diese Zahlen wurden für Familienhunde berechnet und stellen darum nur eine grobe Schätzung für posthumane Tiere dar – vor allem in Hinblick auf den Energieverbrauch. Auf Basis dieser Richtlinie würde ein 15 kg schwerer Hund jedenfalls 825 Kalorien pro Tag brauchen. Denken wir dies anhand eines konkreten Beispiels durch. Ein 15 kg schwerer Hund versucht, zu überleben, indem er Grillen frisst. Hat eine kleine Grille circa 1 Kalorie, so muss unser 15 kg schwerer Freund täglich mehr als 800 Grillen fangen und fressen. Das ist ein Vollzeitjob – mindestens! Und dabei haben wir noch gar nicht in Betracht gezogen, wie viele Kalorien ein Hund beim Versuch, Insekten zu fangen, verbrennt.

Ökologen und Biologen beschäftigen sich unter anderem damit, wie Tiere ihre Stoffwechselbedürfnisse mit ihrem Energieverbrauch im Gleichgewicht halten. Auch wir wollen uns die Ernährung und den Energiehaushalt posthumaner Hunde näher ansehen. Die Biologen David Macdonald, Scott Creel and Gus Mills – Spezialisten für Kaniden – teilen diese in zwei Gruppen ein: Kaniden, die weniger als 20 kg wiegen und kleine Beutetiere fressen, und Kaniden, die mehr als 20 kg wiegen und sich von großer Beute ernähren. Als kleine Beutetiere gelten zum Beispiel Insekten und Grillen. Sie sind in der Regel zahlreich vorhanden und leicht zu fangen. Andererseits hängt ihr Auftreten vom Wetter ab. Dies gilt auch für viele Wirbellose. Ein Carnivore, der sein Gewicht halten will, indem er ausschließlich Wirbellose frisst, kann maximal 21,5 kg wiegen. Wer mehr als 20 kg wiegt, muss ein anderes Leben führen: Eines, in dem er größere Tiere erbeutet. Fünf Kanidenarten überschreiten dieses Maximalgewicht, darunter die Wölfe.[83] Die Wissenschaftler erwähnen den Haushund nicht, jedoch ist klar, dass manche Hunde in die Kategorie der kleinen und andere in jene der großen Beutefresser fallen. Die Ernährung posthumaner Hunde kann also je nach Körpergröße ganz unterschiedlich aussehen.

Die aufgenommenen Kalorien decken die Stoffwechselbedürfnisse nur, wenn die beim Jagen verbrannten Kalorien durch die aus der Beute gewonnene Energie wettgemacht werden. Und es wird noch komplexer: Auch das

83 Macdonald, Creel und Mills, „Canid Society", 85.

Konkurrieren mit anderen Prädatoren kostet Energie und muss in die Analyse miteinbezogen werden. MacDonalds, Creels und Mills Studie liefert Hinweise darauf, wie hoch der Preis des Wettbewerbs tatsächlich ist. In einer Studie an wilden Hunden (*Lycaon pictus*) im Kruger Nationalpark berechnen die Forscher, dass die Kaniden an einem typischen Tag etwa 3,5 Stunden jagen und den Rest des Tages rasten. Der Energieaufwand der Hunde beträgt 15,3 Megajoules (MJ) pro Tag. Sie benötigen 3,5 kg Huftierfleisch (4,43 MJ/Jagdstunde), um ihren täglichen Kalorienbedarf zu decken. Der Energieaufwand des Jagens ist so groß, dass sie, wenn sie auch nur 25 % der erlegten Beute an konkurrierende Tüpfelhyänen verlieren, ganze 12 statt nur 3,5 Stunden jagen müssten.[84] Der Energiehaushalt posthumaner Hunde könnte durchaus ähnlich aussehen.

Sex: Reproduktion als Schlüssel zur Zukunft

Der Verlust anthropogener Futterquellen stellt Übergangshunde und Hunde erster Generation vor neue Herausforderungen und wird sich stark auf die Evolution auswirken. Ebenso folgenreich ist das Wegfallen kontrollierter Zucht. Die Fortpflanzungsfreiheit der Hunde steigt rapide an, sobald wir aufhören, „Ehen zu arrangieren" und einerseits ganz bewusst bestimmte Rüden mit bestimmten Hündinnen kreuzen, während wir anderen Hunden die Fortpflanzung generell verbieten, indem wir sie kastrieren bzw. sterilisieren. Die neue Freiheit geht jedoch auch mit Herausforderungen einher – vom Finden williger Sexualpartner über die erfolgreiche Brutpflege bis hin zum Beschützen der Jungtiere vor Gefahren.

Bevor wir miteinander ins Bett bzw. auf das Thema Sex einsteigen, wollen wir unterstreichen, dass Nahrung und Sex nicht nur darum im selben Kapitel auftauchen, weil beide Themen von großem Interesse für Hunde sind, sondern auch, weil sie auf komplexe Art und Weise mit posthumanen Ökosystemen zusammenhängen. Während die Freiheit von menschlichen Zuchtplänen als vorteilhaft gelten kann, stellt der Verlust von Futterquellen eine große Herausforderung dar. Eine angemessene Ernährung ist für die erfolgreiche Fortpflanzung essenziell: Sie ist erforderlich, damit die Mutterhündin den Wurf austragen und damit Mütter – und fallweise auch Väter – für die Welpen sorgen können, nachdem diese auf der Welt sind. Weibliche

84 Ebenda, 87.

Tiere sind empfindlicher als männliche, was inadequate Ernährung betriff: Ihr Energieaufwand während Trächtigkeit und Säugezeit ist höher. Rüden benötigen jedoch ebenfalls eine ausgewogene Ernährung, um mit ihresgleichen um Hündinnen in der Standhitze konkurrieren und ihre Nachkommen beschützen zu können.

Im Zusammenhang mit der Fortpflanzung stellen sich zwei wichtige Fragen: Wer wird den Übergang mit ausreichend Fitness und Energiereserven überleben, um erfolgreich Welpen auszutragen, zu werfen und aufzuziehen – Aufgaben, die ein ausreichendes Nahrungsangebot sowie Schutz vor Fressfeinden und extremen Wetterbedingungen voraussetzen? Wie werden sich reproduktive Muster und Verhaltensweisen im Laufe der Zeit entwickeln, wenn die Hunde sich an eine Welt ohne Menschen anpassen?

Übergangshunde müssen schnell lernen, auf eigenen Pfoten zu stehen. Vielen wird dies nicht gelingen, was sie mit ihrem Leben bezahlen müssen. Manche haben aufgrund unserer künstlichen Selektion mit körperlichen Einschränkungen und maladaptiven Eigenschaften zu kämpfen, welche die Umstellung schwierig, wenn nicht sogar unmöglich gestalten: Bereits in der ersten Generation wird die Spreu vom Weizen getrennt. Rassen wie Bulldoggen, welche ihre Welpen in der Regel nur mit Kaiserschnitt auf die Welt bringen können, werden aussterben, wobei sich Rüden mit Hündinnen anderer Rassen oder Mischlingen fortpflanzen könnten. Ein oder zwei Generationen, nachdem der Mensch nicht mehr Ehestifter spielt, gibt es keine reinrassigen Hunde mehr – es sei denn, eine Gruppe einer bestimmten Rasse überlebt in Isolation. Hinzu kommt, dass Hündinnen, die weder Hilfe von Rüden noch sonstige alloparentale Unterstützung erhalten, sich mit der Aufzucht der Jungtiere schwertun. Dies wird die Selektion in Richtung sozialer Reproduktionsmuster und kooperativer Fortpflanzungsverhalten verschieben, wie wir sie auch bei anderen Kanidenarten finden.

Balz-, Flirt- und Paarungsverhalten

Beginnen wir dort, wo alles anfängt: Ein männliches und ein weibliches Tier nähern sich einander an, um Nachwuchs zu zeugen. Allen Kaniden ist ein allgemeines Balzmuster gemeinsam: man grüßt sich kurz, schnüffelt aneinander, umkreist sich und beginnt manchmal zu spielen. In weiterer Folge geht es dann zur Sache. Ein Kanidenbeispiel: Wölfe beginnen die Paarbindung, indem sie Zeit miteinander verbringen – wie verliebte Jugendliche.

Sie drücken ihre Körper aneinander, berühren einander mit den Nasen und nehmen die Schnauze des Partners sanft ins Maul. Sie geben leise Winselgeräusche von sich und zeigen auch anderes Flirtverhalten. Das Werbe- und Paarungsverhalten von Wölfen und anderen wilden Kaniden dauert oft tage- oder sogar wochenlang.

Es gibt nur wenige Beobachtungen der Paarungsrituale frei lebender Hunde. Die Daten, über die wir verfügen, lassen jedoch eine Parallele zu den Mustern wilder Kaniden vermuten. Die Werbe- und Paarungszeit von Zuchttieren ist im Gegensatz dazu oft sehr kurz. Dies ist vermutlich eine Folge der Umstände, unter welchen die Tiere in Gefangenschaft miteinander interagieren. Die Werbeperiode posthumaner Hunde könnte sowohl länger als auch stärker ritualisiert werden, wie sie es bereits jetzt in wilden Kaniden ist. Ist es nicht mehr der Mensch, der Hunde miteinander „verkuppelt", werden Rüden und Hündinnen sich ganz schön anstrengen müssen, um die Aufmerksamkeit potenzieller Partner zu gewinnen und diese erfolgreich zu erobern.

Wahrscheinlich werden Rüden versuchen, sich mit allen willigen Hündinnen zu paaren, während Hündinnen wählerischer sind. Dies ist in der Darwin'schen Evolution die Regel: Weibliche Tiere tragen die Energiekosten für Trächtigkeit und Säugezeit und müssen daher sichergehen, dass sich der Aufwand langfristig lohnt. Sie wollen ihre DNA weitergeben – und zwar an Nachkommen, welcher später ihrerseits reproduktiv erfolgreich sind.

Aufgrund des Wettbewerbs rund um die Fortpflanzung wird das Paarungsverhalten mitunter von Konkurrenten unterbrochen, die ebenfalls zum Zug kommen wollen. Sobald der Deckakt an sich beginnt, ist die Sache in der Regel besiegelt: Wenn Hunde und andere Kaniden kopulieren, hängt das männliche Tier meist minutenlang an seiner Partnerin fest. Unter wilden Kaniden und Hunden versuchen Konkurrenten manchmal, das Paar zu trennen, was jedoch selten klappt.

Welche Merkmale könnten Freier attraktiv finden? Glänzendes Fell? Eine lange Rute? Große Ohren? Weiße Flecken? Große Zähne oder Geschlechtsteile? Einen verführerischen Duft oder eine Kombination all dieser Faktoren? Hören die Menschen erst einmal auf, bewusst einander gleichende Hunde miteinander zu verpaaren, wird das, was wir heute unter „Rasse" verstehen, in kürzester Zeit verschwinden. Dabei ist durchaus denkbar, dass sich Hunde bevorzugt mit ihresgleichen zusammentun, wodurch einzelne Hundetypen weiterhin bestehen blieben. Dazu kommen unentrinnbare physische Grenzen im Sinne der Möglichkeit, wer sich mit wem fortpflanzen kann: Extreme Größenunterschiede erschweren den Deckakt oder machen ihn sogar unmöglich. Das Verhältnis von Vagina zu Penis muss in einem bestimmten Rahmen liegen, und Größenunterschiede stellen auch Herausforderungen während der Trächtigkeit, Geburt und Säugezeit dar. In natürlichen Populationen sorgen spezielle Mechanismen dafür, dass es nicht zur Paarung eng miteinander verwandter Individuen kommt. Das Abwandern einzelner Tiere ist ein Beispiel: Wächst die geografische Distanz zwischen verwandten Tieren, so verringert sich die Wahrscheinlichkeit, dass sich diese miteinander fortpflanzen. Auch olfaktorische Signale („Vermeide Sex mit Artgenossen, die wie du riechen") könnten eine Faustregel zur Kontrolle der Paarungspräferenz darstellen. Hierarchien im Zusammenhang mit Alter und Verwandtschaftsgrad könnten ebenfalls eine Rolle im Vermeiden von Inzucht im Rudel spielen.[85]

Viele zukünftige Hunde werden Mischlinge sein: eine Kombination genetischer Fragmente der über vierhundert heute bestehenden Rassen. Dieser Trend könnte den Hunden zugute kommen, da in der Regel eine starke Durchmischung der Gene isolierten Zuchtpopulationen überlegen ist. Abgesehen von der Durchmischung verschiedenster Gene kommt es auch weiterhin – vielleicht sogar mehr als bisher – zur Hybridisierung von Hunden und Wölfen, Kojoten, Dingos und Schakalen. Bereits heute lässt sich diese in Regionen beobachten, in welchen sich die Streifgebiete unterschiedlicher Arten stark überschneiden. So findet etwa eine Studie im Kaukasus – der Region zwischen dem Schwarzen und dem Kaspischen Meer – im Jahr 2014 Hybridaktivität „in jedem zehnten Wolf und jedem zehnten Schäferhund."[86]

85 Forscher, die sich mit Wölfen beschäftigen, sind sich einig, dass es selten zur Inzucht kommt. Dennoch gilt die Inzuchtdepression als ein ernstes Problem in manchen Wolfspopulationen – insbesondere in geografischer Isolation, was zum Beispiel für die Wölfe auf der Insel Isle Royale der Fall ist. Wölfe wurden so stark vom Menschen gejagt, dass die Zahl der Zuchttiere oft sehr klein ist, was genetische Engpässe zur Folge haben kann. Kommt es zu starker Inzucht, sinkt die Überlebenswahrscheinlichkeit des Rudels. Für mehr zu diesem Thema siehe Bensch et al., „Selection for Heterozygosity Gives Hope to a Wild Population of Inbred Wolves", Ralls, Harvey und Lyles, „Inbreeding in natural populations of birds and mammals" und Lockyear et al., „Retrospective Investigation of Captive Red Wolf Reproductive Success in Relation to Age and Inbreeding".

In E-Mails an Marc bestätigten die bekannten Wolfsforscher L. David Mech, Douglas Smith und Rick McIntyre, dass es unter wilden Wölfen relativ selten zu Inzucht kommt (E-Mails vom 12. April 2020).

86 Kopaliani et al., „Gene flow between wolf and shepherd dog populations in Georgia (Caucasus)". Tibetmastiffs, die im Hochland von Tibet als Herdenschutzhunde gezüchtet wurden, stellen ein interessantes Beispiel für Heterosis, d. h. vorteilhafter Hybridisierung, dar. Die Hunde mischten sich mit Mongolischen Wölfen, weshalb sie besonders gut an ihre hoch gelegene ökologische Nische angepasst sind. Signore et al., „Adaptive Changes in Hemoglobin Function".

Die Hybridisierung von Hunden und Wölfen könnte von physischen Merkmalen wie Körperbau, Ohren und Rute beeinflusst werden, welche von der Zuchtselektion durch den Menschen herrühren. So stellt sich die Frage, ob Bobtails oder Schwänze, deren Form die gewöhnliche körpersprachliche Kommunikation beeinträchtigt – beispielsweise die Ringelrute von Spitz oder Shiba Inu – einen Nachteil darstellen, der die Überlebenschancen der entsprechenden Hunde stark beeinträchtigt. Marc erinnert sich an einen interessanten Vorfall in den 1970ern. Hundeforscher versuchten, eine Wölfin mit einem Malamuterüden zu paaren. Der Malamute trug seine Sichelrute immer sehr hoch. In seiner Gegenwart agierte die Wölfin unterwürfig, klemmte die Rute ein und mied den ihr zugedachten Partner. Als die Forscher ihr einen anderen Malamute derselben Größe vorstellten, welcher seine Rute niedriger trug, zeigte sich die Wölfin paarungsbereit. Vielleicht sind Hunde ohne Rute nicht in der Lage, sich mit Wölfen zu paaren, weil ihnen ein wichtiges Kommunikationsinstrument fehlt. Andererseits könnte es auch sein, dass die so benachteiligten Hunde für die fehlende Rute kompensieren, indem sie auf andere Art und Weise effektiv kommunizieren oder körperliche Merkmale bzw. Verhaltenseigenschaften zeigen, welche das Fehlen des Schwanzes wettmachen. Kupierte Übergangshunde verfügen über die Gene für Ruten. Gelingt es ihnen, sich fortzupflanzen, so haben ihre Nachkommen alle Vorteile eines Lebens mit Schwanz.

Baue und Höhlen

Familienhündinnen tragen ihre Welpen in der Regel in einer sicheren Umgebung aus und bringen diese in einer komfortablen, wenn nicht sogar luxuriösen Wurfkiste zur Welt. Der Vater, der die Spermien beigetragen hat, ist oft abwesend. Posthumane Hunde werden nicht nur selbstständig auf Partnersuche gehen – Hündinnen werden auch sichere Orte zum Werfen der Welpen brauchen.

Graben ist ein rudimentäres Verhaltensmuster, für das unsere heutigen Hunde zudem oft gestraft oder zurechtgewiesen werden. Es könnte jedoch eine wichtige Funktion für posthumane Hunde erfüllen, indem es etwa dem Anlegen von Bauen oder Wurf- und Aufzuchthöhlen dient. Unter den vorhandenen Freigänger-Studien finden sich unter anderem Beobachtungen zum Bauverhalten. Thomas Daniels beobachtet eine Gruppe, die sich in einem Navajo-Reservat einen Bau teilt.[87] Auch Sreejani Sen Majumder und ihre Kollegen beobachten Bau bzw. Nutzung von Höhlen unter indischen Freigängern und stellen fest, dass „Familienhunde das Bauverhalten ihrer Vorfahren beibehalten zu haben scheinen."[88]

Brutpflege

In vielen domestizierten Arten mischt sich der Mensch in die Aufzucht der Jungtiere ein. Oft werden Welpen bereits im jungen Alter von ihren Eltern getrennt und von Menschen „bemuttert". Werden sie bewusst zum Verkauf gezüchtet, spielt der Vater oft gar keine Rolle. Mütter tragen den Nachwuchs aus, werfen und kümmern sich um die Kleinen. Sobald die Welpen alt genug sind, um der Hündin abgenommen zu werden, unterbricht der Mensch Entwöhnung und andere Formen elterlicher Pflege abrupt.

Nichtsdestotrotz ist es unwahrscheinlich, dass sich die Brutpflegestrategien der Hunde im Laufe der Evolution stark verändert haben. Der Großteil der Brutpflege wird von der Mutter übernommen, die für Nahrung, Wärme und Schutz vor Feinden sorgt. Mutterhündinnen säugen und säubern ihre Nachkommen. Sind diese etwas älter, spielen sie mit ihnen und unterstützen sie beim Erlangen sozialer Fähigkeiten und beim Lernen fürs Leben. Die Mutter ist nicht nur für das Überleben und körperliche Wachstum der Welpen unerlässlich, sondern auch für kognitive Fortschritte und Verhaltensentwicklung. In einer posthumanen Zukunft können Hundemütter die gesamte Bandbreite der Aufzucht und Erziehung der Welpen ausleben. Haben Mütter mehr Verpflichtungen und bemuttern die Welpen länger und intensiver, könnte dies weitere Auswirkungen haben. Zum Beispiel könnten sich Hündinnen weg von zwei jährlichen Fortpflanzungszyklen und hin zu einem einzigen entwickeln, wie wir ihn auch bei Wölfen finden.

Die spärlichen Daten zum Brutpflegeverhalten von Hunden erschweren es, die Rolle der Väter in der Versorgung posthumaner Jungtiere vorherzusagen. Hunde sind die einzigen Kaniden, die nicht notwendigerweise einem vorhersehbaren monogamen Paarungsmuster folgen, im Zuge dessen beide Elterntiere an der Pflege der Jungtiere beteiligt sind. In ihren Beobachtungsstudien an italienischen Freigängern stellen Roberto Bonanni und Simona Cafazzo fest, dass Welpen in der Regel ausschließlich von der Mutter

87 Daniels und Bekoff, „Population and Social Biology of Free-Ranging Dogs, Canis familiaris", 758.

88 Majumder et al., „Denning habits of free-ranging dogs", 2.

gefüttert wurden. Während manche Studien die hohe Sterblichkeitsrate verwilderter Hunde mit einem Mangel elterlicher Fürsorge erklären, weisen Bonanni und Cafazzo darauf hin, dass die Sterblichkeitsrate der Freigänger jener einer wilden Wolfspopulationen gleiche. Geringe elterliche Fürsorge stellt also nicht notwendigerweise maladaptives Verhalten dar.[89]

Zudem sind die Daten zum Thema Brutpflege frei lebender Hunde nicht in Stein gemeißelt. In einer kleinen Studie an Freigängern im Westen Bengalens (Indien) stellte Sunil Kumar Pal fest, dass vier von acht „Kopulatoren" (Rüden, welche eine Hündin gedeckt hatten) für die ersten sechs bis acht Lebenswochen bei ihrem Wurf blieben. In Abwesenheit der Mütter beschützten die vier Rüden die Welpen und nahmen eine Wächterrolle ein. Sie verhinderten, dass sich Fremde näherten, indem sie „bellten oder sogar angriffen". Einer der Rüden „fütterte den Wurf, indem er Nahrung hervorwürgte."[90] Pals Studienergebnisse sind faszinierend und zeigen, dass es unter Freigängern sehr wohl zu Brutpflegeverhalten kommt.

Auch die Verhaltensbiologen Manabi Paul und Anindita Bhadra finden in einer Studie an fünfzehn verschiedenen Freigänger-Gruppen im Westen Bengalens, im Zuge derer sie vier Bausaisonen über fünf Jahre hinweg beobachten, Hinweise auf die Brutpflege. Ihre Ergebnisse, schreiben sie, weisen auf die „hochflexible Natur des Fortpflanzungssystems der Freigänger" hin. Sie stellen fest, dass das Brutpflegeverhalten vermeintlicher Väter („vermeintlich" darum, weil die Vaterschaft nicht nachgewiesen werden konnte) „mit dem der Mütter vergleichbar ist. Im Zusammenhang mit Säugen und alloparentalem Pflege- und Putzverhalten war der Aufwand der Mütter größer, während die vermeintlichen Väter mehr spielten und die Welpen stärker beschützten."[91]

Unter Umständen entwickeln sich zukünftige Hunde in Richtung eines Fortpflanzungssystems, in welchem Väter eine zentralere Rolle spielen – vor allem, falls bzw. dort, wo posthumane Hunde in organisierten Gruppen oder Rudeln leben. Studien an Freigängern zeigen, dass Rüden zumindest eine kleine Rolle in der Aufzucht der Welpen spielen.

Erwachsene Hunde, die nicht die biologischen Eltern sind, könnten ebenfalls eine Rolle in der Pflege der Jungtiere spielen. Dies ist auch bei wilden Kaniden der Fall. Tanten, Onkel oder ältere Geschwister könnten mithelfen oder alloparentale Pflege beitragen. Die Aufmerksamkeit der Mutter

89 Bonanni und Cafazzo, „The Social Organization of a Population of Free-Ranging Dogs", 84.
90 Pal, „Parental care in free-ranging dogs, *Canis familiaris*", 31.
91 Paul und Bhadra, „The Great Indian Joint Families of Free-Ranging Dogs", 1.

allein kann für Überleben und Entwicklung der Jungtiere ausreichen. Paul und Bhadra merken jedoch an, dass „alloparentale Pflege zusätzliche Vorteile bietet."[92] Sunil Pal und seine Kollegen beobachten in ihrer Forschung an Freigängern das alloparentale Pflegeverhalten von Hündinnen, darunter etwa Säugen und Hervorwürgen von Futter. Der Großteil dieses Verhaltens wird von mütterlicherseits verwandten weiblichen Tieren gezeigt – ein Muster, welches sich ebenfalls bei Wölfen und Kojoten findet.[93]

Der Erforschung alloparentalen Verhaltens von Familienhunden wird traditionellerweise wenig Aufmerksamkeit geschenkt, was sich möglicherweise auf die Annahme zurückführen lässt, dass sich ausschließlich Mütter um die Welpen kümmern. Nach und nach widmen Wissenschaftler ihre Aufmerksamkeit der vollen Komplexität elterlichen Verhaltens. Die ungarischen Hundeforscher Péter Pongrácz und Sára Sztruhala führten 2019 eine internationale Züchterumfrage durch. Sie wollten wissen, wie sich weitere im Haushalt lebende Hunde gegenüber den Mutter- und Jungtieren verhielten, und fanden heraus, dass alloparentales Säugeverhalten (Säugen von Hündinnen, welche nicht die biologischen Mütter sind) und das Hervorwürgen von Futter weit verbreitet sind.[94]

Die Forschung zum Thema, wie die heutigen Freigänger für ihre Welpen sorgen und diese aufziehen, erlaubt uns, Hypothesen über posthumane Hunde aufzustellen. Dabei besteht jedoch ein essenzieller Unterschied zwischen heutigen und zukünftigen Freigängern: das Bestehen bzw. Fehlen anthropogener Futterquellen. Selbst dort, wo die heutigen Freigänger de facto vom Menschen unabhängig sind, was Betreuung und Obhut betrifft, sind sie dennoch nahezu ausnahmslos auf anthropogene Futterquellen wie Müllhalden angewiesen. Eine Hündin in einer Zukunft ohne Menschen wird mit großer Wahrscheinlichkeit weniger Zugang zu Futter haben und mehr Energie aufwenden müssen, um sich und ihren Nachwuchs zu versorgen. Wie bereits oben erwähnt werden die Herausforderungen im Zusammenhang mit der Nahrungssuche die Selektion in Richtung kooperativer Fortpflanzungsmuster verschieben. Die soziale Aufzucht der Welpen, die Rolle der Väter und alloparentale Pflege werden wichtiger.

92 Ebenda, 13.
93 Pal, Roy und Ghosh, „Pup rearing".
94 Pongrácz und Sztruhala, „Forgotten, But Not Lost", 1.

Lebensumstände

Viele Lebenszyklusmerkmale hängen mit Fortpflanzungsmustern wie sexuelle Reife, Anzahl und Zeitpunkt der Reproduktionszyklen, Trächtigkeitsdauer, Zahl und Geschlechterverhältnis der Welpen, Sterblichkeit bzw. Alterserwartung zusammen. Es gibt kaum Daten, aus denen wir schließen können, wie diese Lebenszyklusvariablen bei posthumanen Hunden aussehen – jedoch kommt es mit Sicherheit zu subtilen Änderungen, wenn der künstliche Selektionsdruck wegfällt. Wölfe liefern uns Hinweise darauf, wie die Fortpflanzung der Hunde aussehen könnte – besonders was Lebenszyklusvariablen wie die Säugezeit betrifft, die evolutionär fest verwurzelt sind.[95]

Weibliche Haushunde erreichen ihre Geschlechtsreife im ersten Lebensjahr – meist im Alter von circa 9 Monaten.[96] Dies passiert bei Wölfen wesentlich später, nämlich erst mit circa zweiundzwanzig Monaten.[97] Der auf Hunde wirkende Domestizierungsdruck hat den Zeitrahmen sexueller Reife komprimiert, wodurch Hündinnen früher und öfter läufig werden. Dies erlaubt dem Menschen, eine größere Anzahl an Tieren zu züchten und die Selektion auf bestimmte Merkmale hin zu beschleunigen. Eventuell dehnt sich dieser Zeitrahmen im Laufe der natürlichen Selektion wieder aus, indem Hündinnen später geschlechtsreif werden.

In einem Wolfsrudel pflanzt sich in der Regel der höchstrangige Rüde mit der höchstrangigen Wölfin fort. Der Rang in der Dominanzhierarchie sowie das Nahrungsangebot unterdrücken die Fortpflanzungsmöglichkeiten niederrangiger Tiere. In Hunden wissen wir wenig über die soziale Regulierung der Fortpflanzung. Familienhunde haben kaum die Gelegenheit, stabile

95 Darcy Morey stellt eine spannende Frage. Er beschreibt Hunde als „r-Strategen", wenn diese mit Menschen zusammenleben. Wölfe sind im Gegensatz dazu „K-Strategen". Die Biologen Edward Wilson und Robert MacArthur führen die Konzepte der r- und K-Selektion in ihrem 1967 erschienenen Buch *The Theory of Island Biogeography* ein, um zwei verschiedene evolutionäre Lebenszyklusstrategien zu beschreiben. Welche der beiden sich entwickelt, hängt vom örtlich vorhandenen ökologischen Druck ab. In wechselhaften, unvorhersehbaren Lebensräumen besteht die beste Strategie darin, viele Nachkommen zu zeugen und nicht allzu viel in diese zu investieren. Für r-Strategen typische Eigenschaften sind frühe Geschlechtsreife, viele Nachkommen, wenig oder gar keine Brutpflege und eine hohe Reproduktionsrate. K-Strategen hingegen entwickeln sich in der Regel in stabilen Lebensräumen. Sie pflanzen sich erst später fort, haben kleine Würfe und investieren viel in die Brutpflege. Hat Morey recht? Was wären die Implikationen für posthumane Hunde? Würden diese eine K-Strategie entwickeln, wenn der Mensch keine Rolle mehr spielte? Und wie lang würde die Umstellung von r- auf K-Strategien dauern?

96 Es gibt Hinweise darauf, dass große Hunderassen die sexuelle Reife später erreichen als kleine.

97 Mech und Boitani, *Wolves: Behavior, Ecology, and Conservation.*

Sozialgruppen zu bilden, wodurch ganz einfach kein Potenzial für soziale Unterdrückung besteht.[98] Bonanni und Cafazzo beobachten Freigängerrudel, in welchen sich mehrere Hündinnen fortpflanzen, vermuten jedoch, dass dennoch eine gewisse soziale Kontrolle über das Reproduktionspotenzial innerhalb der Gruppen bestehen könnte.[99] Posthumane Hündinnen könnten physiologischer Unterdrückung und Verhaltensunterdrückung unterliegen. Wir wissen zwar nicht, ob auch Rüden zur physiologischen Unterdrückung neigen, können jedoch davon ausgehen, dass zumindest ihr Verhalten von anderen Rüden in der Gruppe beeinflusst wird.

Ein weiteres Lebenszyklusmerkmal ist die Frage, wie häufig weibliche Tiere trächtig werden können. Mit wenigen Ausnahmen werden Haushunde zweimal jährlich läufig, während dies für wilde Kaniden typischerweise nur einmal der Fall ist. Hat der Mensch seine Hände nicht im Spiel, könnten sich posthumane Hunde – wie Wölfe und Kojoten – zu einem einzigen jährlichen Reproduktionszyklus zurückentwickeln. Andererseits ist auch vorstellbar, dass die Anzahl der Zyklen auf drei ansteigt, wie dies bereits heute beim Carolina Dog der Fall ist. Bei Carolina Dogs handelt es sich um eine Population frei lebender Hunde im Südosten der USA, welche in den siebziger Jahren vom Ökologen Lehr Brisbin entdeckt wurden. Carolina Dogs sind darum besonders interessant, weil sie seit vielen Jahren unter Freigänger-Bedingungen existieren. In einem wissenschaftlichen Artikel zur Ökologie primitiver Hunde schreiben Brisbin und sein Kollege Thomas Risch, ebenfalls ein Ökologe, dass der Carolina Dog über Merkmale verfügt, die bis dato in keinem anderen Mitglied der Gattung *Canis* beschrieben wurden. Zu den erstaunlichsten Eigenheiten gehören bis zu drei Läufigkeiten pro Jahr.[100]

Der Paarungszeitpunkt ist in freier Wildbahn, wo Futter und Wetter saisonal bedingt sind, von großer Wichtigkeit. Bei wilden Kaniden fällt der Deckakt in der Regel so aus, dass die Welpen in der nahrungsreichsten Jahreszeit zur Welt kommen. Der Testosteronspiegel von Wolfsrüden ändert sich im Laufe des Jahres und ist während der winterlichen Paarungszeit am höchsten.[101] Hunderüden sind jederzeit bereit, wenn sie einer willigen Hündin begegnen. Es ist nicht bekannt, ob auch sie einen jahreszeitlich bedingten Testosteronzyklus durchlaufen und das Bedürfnis, einen Partner zu finden, zu gewissen Zeiten steigt.

98 Packard et al., „Causes of Reproductive Failure" und Sands und Creel, „Social dominance, aggression and faecal glucocorticoid levels".
99 Bonanni und Cafazzo, „Social Organization of a Population of Free-Ranging Dogs", 82.
100 Brisbin und Risch, „Primitive dogs, their ecology and behavior".
101 McIntyre et al., „Behavioral and ecological implications of seasonal variation".

Hunde sind – genau wie Wölfe und Kojoten – etwa dreiundsechzig Tage lang trächtig. Es scheint unwahrscheinlich, dass sich dieses Muster bei posthumanen Hunden verändert. Die Trächtigkeitsdauer ist evolutionär konservativ, was heißt, dass sie unter miteinander verwandten Arten kaum variiert und kaum mit dem Vorhandensein von Futter und anderen ökologischen Variablen wie der Qualität des Habitats zusammenhängt.

Auch Wurfgröße und das Geschlechterverhältnis der Welpen sind wichtige Lebenszyklusmerkmale im Zusammenhang mit der Fortpflanzung. Beide unterliegen stark der stabilisierenden Selektion (siehe Grafik S. 33) und variieren unter Hunden, Wölfen und Kojoten kaum. Nichtsdestotrotz kann es infolge des ökologischen Drucks zu kleinen Veränderungen von Wurfgröße und Geschlechterverhältnis kommen. Es gibt nur wenige Studien zur Wurfgröße frei lebender Hunde. Bei diesen jedoch scheint sich die durchschnittliche Wurfgröße zwischen fünf und sechs Welpen zu bewegen. Bei Wölfen ist das Spektrum mit fünf bis acht Welpen größer. Die Wolfsforschung deutet darauf hin, dass die Anzahl der Welpen im Zusammenhang mit der Populationsdichte steigt und fällt: In Gegenden mit weniger Wölfen sind die Würfe größer.

Unter Freigängern scheint das Geschlechterverhältnis der Würfe nicht im Gleichgewicht zu sein: Unter den Welpen finden sich in der Regel mehr Rüden als Hündinnen. In manchen Gegenden ist es jedoch genau umgekehrt. Das Geschlechterverhältnis ist darum relevant, was Überlebenschancen betrifft, weil sich die Sterblichkeitsraten von männlichen und weiblichen Tieren oft unterscheiden. Daniels und Bekoff stellen in ihrer Forschung an Hundepopulationen in einem Navajo-Reservat in Arizona fest, dass das Bestimmen der Geschlechterverhältnisse extrem schwierig sein kann, weil der Mensch unter Umständen eingreift: Die Forscher zählen in den Würfen mehr Rüden als Hündinnen, ziehen jedoch in Betracht, dass Menschen Hündinnen entfernt haben könnten, um deren Fortpflanzung zu verhindern.[102]

Das Geschlechterverhältnis posthumaner Hunde könnte wie bei Wölfen auch von ökologischen Bedingungen abhängen. So sind etwa einer Studie zufolge in einem Gebiet mit niedriger Populationsdichte 70 Prozent der Welpen weiblich. In dichter besiedelten Gegenden fällt der Prozentsatz weiblicher Tiere pro Wurf auf 40 bis 50 Prozent ab.[103] Diese Studie wurde in

102 Daniels und Bekoff, „Population and Social Biology of Free-Ranging Dogs", 757.
103 Sidorovich et al., „Litter size, sex ratio, and age structure of gray wolves".

Weißrussland in einer Gegend durchgeführt, in welcher der Jagddruck auf Wölfe sehr stark war. Dies könnte die Daten beeinflusst haben. Auf Basis seiner Langzeitstudie an Wölfen in Minnesota kam Wolfsforscher L. David Mech zu einem anderen Ergebnis: In einem ökologisch gesättigten, dicht von Wölfen besiedelten Gebiet im Norden Minnesotas sind ungefähr zwei Drittel der Welpen männlich. In Rudeln in weniger dicht besiedelten Gebieten besteht ein ausgeglichenes Geschlechterverhältnis in den Würfen.[104]

Eine weitere biologische Herausforderung ist, dass das Fortpflanzungs potenzial von Rüden und Hündinnen früher oder später im Sande verläuft. Wie alle anderen Tiere können auch Hunde nur innerhalb gewisser Altersgrenzen ihre Gene weitergeben.

Tendenzen der Fruchtbarkeit (die Zeitspanne, während derer Nachkommen gezeugt werden können), Lebenserwartung und Sterblichkeit posthumaner Hunde lassen sich nur schwer voraussagen, weil verschiedene und oft konträre Kräfte auf diese wirken. Die durchschnittliche Lebenserwartung posthumaner Hunde wird zwischen der heutiger Familienhunde (die Obergrenze) und jener verwilderter Hunde (die Untergrenze) liegen. Während Familienhunde durchschnittlich dreizehn bis fünfzehn Jahre alt werden[105], sind die Überlebenschancen erwachsener Freigänger relativ gering. So merkt etwa Stephen Spotte an, dass ein fünfjähriger Freigänger „ein wahrer Methusalem" sei und die meisten erwachsenen Tiere nicht älter als drei Jahre würden. Die Lebenserwartung von Dorfhunden ist ähnlich niedrig, sofern sie keine veterinärmedizinische Versorgung erhalten.[106] Auf Basis einer fünfjährigen Studie im Westen Bengalens kommen Manabi Paul und Kollegen zu einem ähnlichen Ergebnis. Sie beobachten eine hohe Sterblichkeitsrate: Nur 19 Prozent der 364 Welpen aus 95 beobachteten Würfen erreichen ein reproduktionsfähiges Alter.[107] Eine der häufigsten Todesursachen heutiger Hunde ist der Mensch. Viele werden willentlich getötet – weil sie Tollwut haben bzw. haben könnten, weil sie als gefährliche Schädlinge oder als „herrenlos" gelten oder weil wir Menschen entscheiden, ihren „Überbestand" einzudämmen. Dazu kommt, dass Hunde unabsichtlich menschlichen Aktivitäten zum Opfer fallen – in erster

104 Mech, *The Wolf.*

105 Siehe zum Beispiel Inoue et al., „A current life table and causes of death for insured dogs in Japan".

106 Spotte, *Societies of Wolves and Free-ranging Dogs*, 191.

107 Paul et al., „High early life mortality in free-ranging dogs".

Linie im Zusammenhang mit Straßen und Verkehr. Paul und ihre Kollegen schätzen, dass 63 Prozent der Todesfälle frei lebender Hunde in Indien vom Menschen verursacht werden.[108] Für posthumane Hunde sieht die Sache umgekehrt aus – oder auch nicht: Das Verschwinden des Menschen wird einerseits menschenbedingte Todesursachen verringern. Andererseits könnte das Überleben einer größeren Anzahl an Hunden durch Verhungern wettgemacht werden, wenn die anthropogenen Futterressourcen zu Ende gehen. Auch die Welpensterblichkeit posthumaner Hunde ist voraussichtlich relativ hoch. Werfen wir einen weiteren Blick auf die leider nur spärlich vorhandenen Daten zum Thema Freigänger, so scheint es, als würde nur circa ein Drittel der Welpen ein Alter von drei Monaten erreichen.[109] Bei Wölfen hingegen liegt die Sterberate der Welpen zwischen 40 und 60 Prozent. Die postnatale Sterblichkeit frei lebender Hunde könnte sogar noch höher sein, wenn etwa die Nahrungsbeschaffung eine Herausforderung darstellt und Hündinnen aufgrund eines Energiedefizits nicht für ihre Welpen sorgen können. Andererseits könnten posthumane Hunde bessere Überlebenschancen als ihre heutigen Artgenossen haben, weil die postnatale Sterblichkeit in erster Linie dem Menschen geschuldet ist.

Im nächsten Kapitel wollen wir uns mit dem sozialen Leben befassen: Wie und warum bilden Hunde Sozialgruppen? Wie kooperieren und konkurrieren sie miteinander? Wie könnte ihr Leben als Mitglieder wilder Gemeinschaften aussehen?

108 Ebenda, 1.

109 Daniels und Bekoff berichten von einer relativ hohen Freigänger-Sterberate in den ersten Lebensmonaten. Es ist allerdings schwierig, dies mit absoluter Sicherheit zu sagen, da kaum Körper toter Hunde gefunden werden. In den beobachteten Würfen mit fünf Hündinnen starben 7 Prozent der Welpen; 34 Prozent waren im Alter von vier Monaten noch am Leben. Daniels und Bekoff, „Population and Social Biology of Free-Ranging Dogs", 757. Pal schreibt in „Parental care in free-ranging dogs, Canis familiaris": „Eine Welpen-Sterblichkeitsrate von 63 Prozent bis zum Alter von drei Monaten ähnelt den Resultaten früherer Studien an Freigängern von Scott und Causey (1973), Daniels und Bekoff (1989) und Pal (2001)."

5. Familie, Freund und Feind

Freigänger auf Bali bei der Paarung. Der Rüde (der braune Hund rechts in der Mitte) hält die beiden anderen Rüden (die weißen Hunde) auf Abstand und lässt sie nicht an die Hündin (links in der Mitte) heran.

Wer sein Leben mit einem Hund teilt, weiß vermutlich, dass unsere Vierbeiner sich nach sozialen Interaktionen sehnen. Oft sind sie bereit, alles Erdenkliche zu tun, um an unserer Seite zu sein. Wenn sie die Wahl hätten, würden viele Familienhunde unser Bett teilen, beim Nachtmahl mit uns am Tisch sitzen und uns in die Arbeit oder Schule begleiten. Sie würden zum Einkaufen und auf andere Wege mitkommen und sich gemeinsam mit uns die Nächte in Restaurants und Bars um die Ohren schlagen. Manche Hunde sehnen sich so stark nach sozialem Kontakt, dass sie ihrem menschlichen Partner sogar unter die Dusche folgen würden, wenn sie dürften.

Unsere Vierbeiner suchen auch sozialen Kontakt zu Artgenossen. Grundstücke sind oft eingezäunt, um zu verhindern, dass ein vierbeiniges Familienmitglied auf der Suche nach seinesgleichen durch die Nachbarschaft streift. Beim Spazieren kann es vorkommen, dass ein Hund verzweifelt an der Leine zieht, um am Hintern eines anderen zu schnüffeln. Selbst das Bedürfnis bzw. die Obsession, genau dort zu schnüffeln, wo ein anderer Hund gepinkelt hat, ist eine wichtige Form sozialen Verhaltens. Fallen sowohl der Mensch als Bindungsperson als auch unsere Kontrolle darüber, wie und wann Hunde miteinander interagieren, weg, wird sich die Sozialstruktur des Lebens posthumaner Hunde stark verändern.

In diesem Kapitel beschäftigen wir uns mit sozialen Interaktionen zwischen Hunden und anderen Tieren, mit denen sie kooperieren, konkurrieren und koexistieren. „Geselligkeit" beschreibt die Tendenz, Gruppen zu bilden und auf organisierte Art und Weise zusammenzuleben. Die Begriffe „soziales Verhalten" bzw. „Sozialverhalten" beziehen sich auf die ganze Bandbreite möglicher Interaktionen zwischen Individuen, die zusammenkommen, um relativ unstrukturierte oder auch organisierte Gruppen zu bilden: Wie interagieren sie, wenn sie zusammenleben? Wie kommunizieren sie über Raum und Zeit hinweg? Wie lassen sie sich auf Konflikte bezüglich Lebensraum und andere Ressourcen ein und lösen diese auf?

Manche posthumanen Hunde werden in lockeren, andere in unterschiedlich großen Rudeln mit enger Bindung zusammenleben. Viele werden andererseits Einzelgänger sein. Sie alle sind auf die eine oder andere Art sozial. Wie der deutsche Ethologe Paul Leyhausen 1965 in seinem wegweisenden Artikel „The Communal Organization of Solitary Animals" argumentiert, ist „kein Tier vollständig asozial"[110]. Vielmehr ist es so, dass geselliges Verhalten auf einem Kontinuum liegt. Das Spektrum möglicher sozialer Interaktionen ist groß. Vielfraße (Bärenmarder) sind großteils Einzelgänger und liegen

110 Leyhausen, „The Communal Organization of Solitary Animals".

damit an einem extremen Ende des Geselligkeits-Spektrums. Dennoch sind auch diese solitären Tiere daran interessiert, wo sich andere aufhalten und was diese tun. Auch das Ändern des eigenen Verhaltens auf Basis fremder Duftmarken bzw. weit entfernter Rufe oder anderer Signale eines Artgenossen gilt als sozial. Natürlich zeigen Tiere notwendigerweise auch dann Sozialverhalten, wenn sie sich paaren und fortpflanzen. Im Gegensatz zu Vielfraßen sind Hunde übrigens für ihre Geselligkeit bekannt: Sie gehören zu den sozialsten Säugetieren überhaupt.

Welpensozialisierung

Wie eignen sich Welpen die kommunikativen und interaktiven Fähigkeiten an, die ein Überleben und erfolgreiches Hundsein erfordert? Unter Sozialisierung verstehen wir das Erlernen sozialer Fertigkeiten, welche einem Tier arttypisches Verhalten erschließen. Alle Säugetiere – domestiziert und wild – durchlaufen einen Sozialisierungsprozess. Für den Hund beginnt die aktive Sozialisierung bei der Geburt. Am wichtigsten ist jedoch das Alter von circa drei bis acht Wochen.[111] Oft wird dieser Zeitraum als „sensible Sozialisierungsphase" bezeichnet. Was in diesen Wochen vorfällt, hat besonders großen Einfluss darauf, wie Hunde später mit Menschen, Artgenossen und ihrer Umwelt umgehen. Familienhunde werden in der Sozialisierungsphase in erster Linie auf ein Leben als Teil des menschlichen Haushalts vorbereitet. Im Idealfall lernen Welpen in diesem Alter, selbstbewusst und gerne mit uns zu interagieren und sich in einer von und für Menschen angelegten Welt zurechtzufinden.

Das Ergebnis „guter" Sozialisierung ist ein flexibler, ruhiger, belastbarer, psychisch und emotional ausgeglichener Vierbeiner. Hunde werden dazu ermuntert, sich mit den verschiedensten Erfahrungen wohlzufühlen und neuen oder unerwarteten Ereignissen selbstbewusst zu begegnen. Ein von Menschen sozialisierter Welpe könnte etwa mit einer großen Anzahl verschiedener Untergründe wie Gras, Beton, Schnee, nassem Asphalt, Parkett und Erde vertraut gemacht werden. Dabei ist das Ziel ein Hund, der selbst dann nicht den Boden unter den Pfoten verliert, wenn er sich auf unbekanntem

111 Scott und Fuller, *Genetics and the Social Behavior of the Dog*. Je nach den Umständen, unter denen ein Welpe aufwächst, ist es möglich, dass das sensible Zeitfenster der Sozialisierung bis zu einem Alter von zwölf bis vierzehn Wochen offen bleibt. Freedman, King und Elliot, „Critical Period in the Social Development of Dogs".

Terrain wiederfindet.[112] Derartige Sozialisierungseffekte sollten auf die posthumane Welt generalisierbar sein. Gut sozialisierte Übergangshunde sind bestmöglich auf die Herausforderungen ihres neuen Lebens ohne menschliche Hilfe oder Freundschaft vorbereitet.

Wird es weniger gut sozialisierten Hunden schwerer fallen, sich auf ein Leben ohne Menschen einzustellen? Gute Frage! Welpen, die in unvorhersehbaren Umgebungen aufwachsen oder chronischem Stress oder Angst ausgesetzt sind, indem sie beispielsweise körperlich für das Ignorieren von Kommandos bestraft werden, leiden als erwachsene Tiere mitunter unter leichten Angststörungen. Diese können Erkundungsverhalten eindämmen, Nervosität gegenüber unbekannten Situationen hervorrufen oder maladaptive Risikoscheue nach sich ziehen.[113] Dies könnte einen Nachteil darstellen. Andererseits ist es denkbar, dass Welpen, die unvorhersehbaren menschlichen Umgebungen ausgesetzt werden, zu besonders belastbaren Tieren heranwachsen, was in einer neuen und herausfordernden posthumanen Landschaften von Vorteil wäre. Dazu kommt, dass verschiedene Welpen unterschiedlich auf dieselbe Umgebung reagieren: eine Erinnerung daran, dass auch die individuelle Persönlichkeit eine wichtige Rolle für Wachstum und soziale Entwicklung spielt. Marc beobachtete markante Unterschiede unter wilden Kojoten-Wurfgeschwistern, als diese im Alter von circa drei Wochen zum ersten Mal den Bau verließen. Manche waren mutig und abenteuerlustig, manche schüchtern, und manche können nur als lästig beschrieben werden. Unter Wölfen, Polarfüchsen, Rotfüchsen und Schakalen lassen sich ähnliche Unterschiede beobachten.[114]

Ein wichtiges Ziel erfolgreicher Welpensozialisierung ist, dass sich der Hund mit Artgenossen wohlfühlt, deren Signale in unterschiedlichen Kontexten versteht und auch seinerseits angemessen kommuniziert. Oft wird dies mithilfe von Welpenspieltreffen und Kontakt mit sorgfältig ausgewählten Individuen oder Gruppen auf Hundewiesen und Wanderwegen gefördert. Geht man in der Sozialisierung umsichtig vor, entwickeln Hunde in der Regel gute soziale Fähigkeiten gegenüber Artgenossen. Nichtsdestotrotz zeigen viele Familienhunde „Reaktivität" und aggressives Verhalten. Wer sein Leben mit einem solchen Hund teilt, tut oft alles Erdenkliche, um zu verhindern, dass dieser mit Artgenossen zusammentrifft. Welche Folgen

112 Sozialisierung ist nicht dasselbe wie Habituation. Von Habituation bzw. Gewöhnung sprechen wir, wenn es zu einer weniger starken Reaktion auf einen sich wiederholenden Reiz kommt.
113 Siehe Pierce, *Run, Spot, Run* und Bekoff und Pierce, *Unleashing Your Dog*.
114 Bekoff und Wells, „Social Ecology and Behavior of Coyotes", Burrows, *Wild Fox* und Van Lawick-Goodall, *Innocent Killers*.

könnten Reaktivität und Isolation für Hunde haben, deren Leben plötzlich menschenunabhängig ist? Es ist durchaus plausibel, dass ihnen schwerfällt, sich in Gruppen oder Rudel einzufügen!

Übergangshunde, deren Leben als Freigänger oder verwilderte Tiere beginnt und die von ihren Müttern in der Geburtsumgebung aufgezogen werden, werden gewissermaßen unter „natürlichen" Bedingungen sozialisiert. Es scheint intuitiv, dass sie sich leichter auf ein posthumanes Leben einstellen können als vom Menschen aufgezogene Tiere – jedoch erweist sich unsere Intuition nicht immer als richtig. In jedem Fall können wir davon ausgehen, dass manche Hundemütter ihre Sache besser machen als andere. Die Qualität der Sozialisierung variiert also – und auch dies wirkt sich auf die Überlebenschancen aus.

Nach dem Übergang zur posthumanen Welt werden Welpen von einem oder beiden Elterntieren großgezogen, und die Sozialisierung erfolgt ohne menschliche Intervention. Werden posthumane Hunde dieselben Entwicklungsmuster wie heutige Tiere zeigen, die in gemischten Mensch-Hund-Gruppen aufwachsen? Wie viele Generationen dauert es, bis sich die Entwicklungsmuster vollständig auf rein aus Hunden bestehende Gruppen umgestellt haben? Die Annahme vieler Forscher, dass Hunde genetisch dafür prädisponiert sind, Bindungen mit Menschen einzugehen, wird auf die Probe gestellt: Hunde haben eine längere Sozialisierungsphase als ihre wilden Verwandten – vielleicht, weil sie in einer geschützten Umgebung aufwachsen und ständige mütterliche und oft auch väterliche Fürsorge genießen.[115] Im Laufe der Zeit könnte die Sozialisierungsphase kürzer werden, weil die vom Menschen gebotene Unterstützung der Welpen und ihrer Eltern unterbleibt. Auch die Elterntiere selbst werden, wie auch andere erwachsene Hunde, mehr zu tun haben, als nur ihre Welpen aufzuziehen.

Spielen ist ein wichtiger Teil der Sozialisierung. Die meisten jungen Kaniden spielen leidenschaftlich gern, wobei Welpen solitärer Arten in der Regel weniger spielen als sozialere Arten. Junge Rotfüchse und Kojoten beispielsweise raufen oft, bevor sie miteinander spielen. Diese der Sozialisierung vorangehenden Kämpfe können heftig ausfallen und zu Verletzungen bis hin zum Tod führen. Im Gegensatz dazu zeigen junge Wölfe und Haushunde typischerweise mehr soziales Spielverhalten, bevor sie raufen, und ihre aggressiven Zusammenstöße sind weniger ernst.[116] Wird sich die verspielte Natur

115 *Fox, Behaviour of Wolves, Dogs, and Related Canids.*

116 Bekoff, „Socialization in mammals with an emphasis on non-primates".

posthumaner Hunde stärker in Richtung Selbstbehauptung oder Aggression entwickeln, weil sie schneller reifen und selbstständig sein müssen?

Auch Lernen ist ein wichtiger Teil der Sozialisierung. Viele der Fähigkeiten, die zum Überleben posthumaner Hunde wichtig sind, werden diesen von ihren Müttern bzw. beiden Eltern oder auch anderen erwachsenen Tieren beigebracht. Das Repertoire lebenswichtiger Fähigkeiten wird sich in einer posthumanen Welt verändern. Dies könnte den Entwicklungsverlauf und im Zuge dessen auch den Sozialisierungsprozess beeinflussen. So ist es denkbar, dass Hunde bestimmte Dinge lernen müssen, welche sie sich ausschließlich im Welpen- oder Junghundalter aneignen können. Leben sie in einem Habitat, in welchem sie auf größere Beutetiere angewiesen sind, müssen sie das Anschleichen und Töten verschiedener Tiere meistern. Dies setzt voraus, dass sie bei ihren Eltern bzw. deren Gruppe verweilen, bis sie die entsprechenden Fähigkeiten beherrschen.

Kommunikation: Verständigung unter posthumanen Hunden

Klare Verständigung ist für das reibungslose Funktionieren sozialer Interaktion zwischen Paaren und Gruppenmitgliedern unentbehrlich. Wir wollen uns im Detail mit dem Thema Kommunikation in der posthumanen Hundewelt und der Entwicklung von Kommunikationsmustern unter natürlicher Selektion beschäftigen. Hunde verfügen mit Sicherheit über die interaktiven Fähigkeiten, welche sie brauchen, um selbstständig zu überleben. Jedoch stellt sich die Frage, ob es bestimmte Bereiche gibt, in welchen sie sich schwertun – und welche dies sein könnten. Was könnte manchen Hunden einen Vorteil gegenüber anderen verschaffen?

Liest man populärwissenschaftliche Hundeliteratur, könnte man leicht zu dem Schluss kommen, dass Hunde sich entwickelt haben, um sich *mit uns* zu verständigen. Wir sprechen vom Dackelblick, davon, dass Hunde menschlichen Blicken folgen, von der Oxytocin-Rückkopplungsschleife und sogar von der angeblichen außersinnlichen Wahrnehmung unserer vierbeinigen Familienmitglieder in Hinblick auf ihnen nahestehende Menschen. In der Tat sind Hunde außergewöhnlich gut darin, mit uns zu kommunizieren. Sie verständigen sich jedoch auch – vielleicht sogar in erster Linie – mit ihresgleichen, wenn wir ihnen dies ermöglichen.

Das kommunikative Repertoire von Hunden, Wölfen und Kojoten ist fast identisch.[117] Manche Hunde könnten im Laufe der Domestizierung und der künstlichen Selektion zusätzliche Interaktionsfähigkeiten entwickelt haben. Abgesehen davon haben sie jedoch alle die grundlegenden Werkzeuge, mit deren Hilfe sie sich miteinander und mit anderen Arten verständigen können.

Es gibt kaum Daten, auf die wir uns stützen können, um vorherzusagen, wie sich die soziale Kommunikation entwickeln wird, wenn Hunde verwildern und wir Begegnungen mit ihresgleichen nicht mehr kontrollieren. Eine wichtige Frage ist, ob sich das Repertoire des Ausdrucksverhaltens parallel zu physischen Änderungen verschiebt. Könnten morphologische Eigenschaften oder Verhaltensweisen, die speziell der Kommunikation mit Menschen dienen – zum Beispiel die Muskulatur, die den sprichwörtlichen Dackelblick ermöglicht – in einer posthumanen Welt sinnlos sein und infolgedessen verschwinden? Könnten diese modifiziert werden, um sich neuen Umständen anzupassen – zum Beispiel der Notwendigkeit, sich mit Artgenossen und anderen Tieren zu verständigen? Individuelle Unterschiede zwischen den Habitaten posthumaner Hunde werden deren zukünftiges Sozialverhalten ebenfalls beeinflussen.

Hunde kommunizieren miteinander und mit anderen Tieren mittels einer großen Palette an Signalen und unterschiedlichen Sinnen. Uns Menschen sind in erster Linie akustische Signale bewusst, besonders das Bellen. Zudem heulen, knurren, winseln und jaulen Hunde auch. Derartige Laute – oft in Kombination – sagen viel über Stimmung und Absichten eines Individuums aus. Hunde setzen ihre Stimme auch ein, um ihre Größe bekanntzugeben: „Leg dich nicht mit mir an – ich bin stärker als du!" Dies nützt auch dem Empfänger der Nachricht, welcher auf Distanz und ohne direkten Sichtkontakt feststellen kann, ob er im Falle einer feindlichen Begegnung im Nachteil wäre.[118]

Obwohl sich das akustische Vokabular von Wölfen und Hunden stark überschneidet, finden sich markante Unterschiede im Kommunikationsverhalten der beiden Arten. Bei Wölfen stellt Bellen nur eine kleine Komponente des akustischen Repertoires dar. Es macht Artgenossen auf etwas aufmerksam oder bedeutet: „Dies ist mein Zuhause bzw. Revier!" Hunde hingegen bellen wesentlich mehr, und je nach Kontext zu ganz unterschiedlichen Zwecken: die Verteidigung eines Gebiets, Warnungen, Grußverhalten,

117 *Fox, Behaviour of Wolves, Dogs, and Related Canids.*
118 Faragó et al., „Dogs' Expectation about Signalers' Body Size".

Spiel und das Erregen visueller Aufmerksamkeit. Wird Bellen weiterhin eine dominante Rolle in der Kommunikation posthumaner Hunde spielen? Dies hängt davon ab, ob und unter welchen Umständen es sich als adaptiv, maladaptiv oder neutral herausstellt. Sollte sich das Bellen in erster Linie unter dem Selektionsdruck der Domestizierung entwickelt haben und hauptsächlich der Kommunikation mit uns Menschen dienen, ist vorstellbar, dass es nach und nach abflaut.

Hunde bedienen sich auch verschiedenster visueller Signale. Sie kommunizieren ihre Absichten und Emotionen mittels Gesichtsausdruck wie Zähnefletschen oder dem Anspannen der Augenmuskulatur. Auch in visueller Hinsicht überschneiden sich die von Hunden und Wölfen verwendeten Signale. Die Morphologie gewisser Rassen – die Gesichts-, Körper- und Rutenform – reduziert die Vielfalt und Deutlichkeit visueller Signale. So stehen einem Mops weniger körpersprachliche Variationen zur Verfügung: Die Ringelrute und das flache, faltige Gesicht sind weniger ausdrucksstark als der Körper eines Schäferhundes. Es ist auch denkbar, dass Hunde, die ihren wilden Verwandten weniger ähnlich sehen – zum Beispiel Möpse – Schwierigkeiten haben, mit sympatrischen Kaniden wie Wölfen und Kojoten zu kommunizieren. Dies wäre besonders dann relevant, wenn Hunde versuchten, sich mit diesen zu paaren. Verständnisschwierigkeiten könnten ihnen einen Strich durch die Rechnung machen.

Hunde kommunizieren auch viel mittels Nase und Duftstoffen. Wie Wölfe setzen sie olfaktorische Signale wie Urin- und Kotmarken sowie Pheromone ein, welche sie mithilfe von Drüsen an den Pfoten und Analdrüsen ausscheiden. Auf diese Weise senden sie Nachrichten an Artgenossen und lassen diese wissen, wer sie sind, wo sie waren und was sie fühlen.

Nach wie vor ist umstritten, ob Hunde Duftmarken nutzen, um Reviere in Besitz zu nehmen und zu halten. Die Diskussionen rund um dieses Thema drehen sich in erster Linie um Familienhunde, welche unter Umständen allein darum weniger markieren als ihre wilden Verwandten, weil sie weniger Gelegenheit dazu haben, Marken zu setzen und zu lesen. Schnüffeln wird von Häusern, Leinen und Zäunen eingeschränkt, und wir erwarten, dass unsere Gefährten ihr Geschäft an bestimmten, vom Menschen definierten Orten verrichten. Wie jeder, der sein Leben mit einem Hund teilt, weiß, hat die Domestizierung jedoch nicht zum Verlust der Fähigkeit geführt, zu markieren und die olfaktorischen Signale eines Artgenossen zu lesen. Unter posthumanen Hunden werden Duftmarken wichtige Werkzeuge zur Kennzeichnung und Aufrechterhaltung von Revieren darstellen. Wahrscheinlich werden sie ebenso markieren wie Wölfe. Genau wie im Zusammenhang mit anderen Formen der Kommunikation folgen Hunde bereits heute wolfsähnlichen Mustern. Dramatische evolutionäre Veränderungen sind unwahrscheinlich.

Welchen Effekt haben Kastration und Sterilisation auf das Markierverhalten? Werden Übergangshunde, deren Reproduktionsfähigkeit neutralisiert wurde, einen Nachteil gegenüber intakten Artgenossen haben, was olfaktorische Signale betrifft? Wir wissen wenig darüber, welche Auswirkungen Kastration in dieser Hinsicht hat. Beobachtungen zufolge verbringen Hündinnen weniger Zeit damit, an Duftmarken kastrierter Rüden als an jenen intakter Rüden zu schnüffeln.[119] Tierarzt und Ethologe Ian Dunbar beobachtet, dass kastrierte Rüden weniger häufig markieren als intakte.[120] Sollten sich Kastration und Sterilisation auf die Kommunikation auswirken – zum Beispiel, indem das Markierverhalten sinkt oder sich die chemische Zusammensetzung des Urins ändert – könnten entsprechende Übergangshunde einen Nachteil haben, da ihr Ausdruckspotenzial im Vergleich zu ihren anatomisch und hormonell intakten Kollegen gering ist. Hunde erster und späterer Generationen haben dieses Problem nicht.

Hunde kommunizieren auch mittels sogenanntem Kontaktverhalten: Schlecken, Fellpflege, das Berühren der Nasen, Aneinanderreiben der Schultern und gemeinsames Schlafen sind soziale Katalysatoren, die affiliative und prosoziale – kurz gesagt positive – Gefühle ausdrücken. Kontaktverhalten ist für die Bindung zwischen Eltern und Jungtieren, Geschwistern, Freunden und Rudelmitgliedern essenziell. Es kann auch der Versöhnung nach einer Rauferei oder anderen Auseinandersetzungen dienen.

Es gibt keinen Grund zur Annahme, dass das Kontaktverhalten der Haushunde im Vergleich zu ihren wilden Verwandten defekt oder auch nur gedämpft ist. Dabei besteht jedoch sehr wohl das Risiko, dass Übergangshunde im Zusammenleben mit Menschen kaum Kontakt zu Artgenossen hatten, ihr Repertoire an Kontaktverhalten nicht ausbauen konnten bzw. nie gelernt haben, sich fließend auszudrücken: Kontaktverhalten stellt eine Art Fremdsprache für sie dar.

119 Riach, Asquith und Fallon, „Length of time domestic dogs (*Canis familiaris*) spend smelling urine".

120 „Kastrierte Rüden markieren weiterhin in der für sie charakteristischen Position mit gehobenem Hinterbein – allerdings weniger oft als intakte Rüden." Ian Dunbar, Neutering Fact Sheet, *Modern Dog Magazine*, Abruf am 15. April 2020, https://moderndogmagazine.com/articles/neutering-fact-sheet/255.

Soziale Organisation und Sozialdynamik

Es ist unumstritten, dass Hunde soziale Beziehungen mit Menschen eingehen. Die menschliche Familie stellt den Lebensmittelpunkt vieler Vierbeiner dar. Allerdings wäre es anmaßend, zu behaupten, dass die menschliche Familie die *natürliche* oder gar die einzige Familie des Haushundes sei oder sich vorzustellen, dass der Urhund dem Urmenschen (in Tom Cruises Stimme) erklärt: „Du vervollständigst mich!" Hunde bilden auch ohne zu zögern Allianzen, Gruppen, Rudel, schließen sich zusammen und gehen Paarbindungen mit Artgenossen ein. Die Beziehungen der Hunde untereinander und die Sozialdynamik zwischen verschiedenen Hundegruppen wird mit Sicherheit eine wichtige Komponente im Überleben posthumaner Hunde darstellen.

Die Sozialdynamik kann einfach, aber auch sehr komplex ausfallen: Sie umfasst alles von Paarbindungen bis hin zur Organisation ganzer Populationen von Tieren innerhalb eines Ökosystems: Aufeinandertreffen, Abwandern und das Teilen eines Lebensraums. Zwischen Paarbindung an einem und Population am anderen Ende des Spektrums liegt die komplexe Dynamik der Gruppen- bzw. Rudelbildung. Hier navigiert eine kleinere Zahl an Tieren ihre Beziehungen untereinander. Das Funktionieren einer solchen Gruppe umfasst die Geschlechterdynamik (Beziehungen zwischen Rüden und Rüden, Rüden und Hündinnen sowie Hündinnen und Hündinnen), Altersdynamik (Verhältnis der Jungtiere untereinander, zwischen Jungen und Alten usw.), Sozialdynamik (Spiel, Dominanz und Unterwürfigkeit, Beschwichtigung und die Beziehungen zwischen Leithund und Gruppenmitgliedern) sowie Familiendynamik (Verhältnis zwischen Eltern und Nachkommen sowie von Geschwistern untereinander). Die Gruppendynamik wirkt sich auf das Abwandern von Jungtieren und älteren Individuen, die nicht in die Gruppe passen, das Verteidigen des Reviers und das Teilen von bzw. Konkurrieren um Lebensraum, Nahrung und andere Ressourcen aus.

Werden Hunde Rudel bilden?

Eine spannende Frage: Werden sich die Hunde der Zukunft zu Rudeln zusammenschließen? Bei einem Rudel handelt es sich um eine stabile Gruppe, die gemeinsam jagt, nach Nahrung sucht, wandert, sich ausrastet, Ressourcen verteidigt und kooperatives Fortpflanzungsverhalten zeigt. Die Mitglieder sind in der Regel sowohl verwandte Tiere als auch Zuwanderer. Rudel können auch entstehen, wenn sich Einzelgänger zusammenschließen.

Die Rudelfrage besteht aus zwei Teilen: Erstens, *können* Hunde Rudel bilden? Die Antwort lautet zweifellos Ja. Wölfe sind Rudeltiere, und die genetische Basis für Rudelverhalten ist mit großer Sicherheit nach wie vor bei *Canis lupus familiaris* vorhanden. Dafür spricht auch, dass Studien an Freigängern an verschiedenen Orten zeigen, dass sich diese zu Gruppen zusammenschließen. Manchmal handelt es sich dabei um lockere, fuchsartige Gemeinschaften[121], manchmal um klar definierte, stabile Sozialgruppen[122] und manchmal um stark organisierte und strukturierte Rudel[123].

Noch stärker interessiert uns die Frage, *ob* und *wie* posthumane Hunde Rudel bilden: Welche ökologischen und sozialen Bedingungen machen dies mehr oder weniger wahrscheinlich?

Die Gruppenbildung wird von einer großen Anzahl an Variablen abhängen – darunter die Verwandtschaftsverhältnisse individueller Tiere, Konkurrenten, das Habitat, ein spärliches oder großes Nahrungsangebot und dessen Verteilung sowie die Größe der Beutetiere. Innerhalb der Kanidenfamilie sind jene Arten, die Rudel bilden, in der Regel größer – darunter Wölfe, Afrikanische Wildhunde und Rothunde (ein Kanide, der in Zentral-, Süd-, Ost- und Südostasien beheimatet und auch als Asiatischer Wildhund bekannt ist). Kleinere Kaniden sind in der Regel Einzelgänger – jedoch lassen sich auch Gruppen von Rotfüchsen beobachten. Die Gruppenbildung größerer Kaniden hängt damit zusammen, dass sie auf schwerere Beutetiere angewiesen sind. Dies wiederum stellt eine Initiative für kooperatives Jagdverhalten dar. Können wir folglich davon ausgehen, dass große Hunde sich in einer posthumanen Welt zu Rudeln zusammentun, während kleine Einzelgänger bleiben?

Wir wollen einen Blick auf Familienhunde sowie Freigänger und verwilderte Tiere werfen, um der Antwort auf die Frage, wie zukünftige Rudel aussehen und funktionieren könnten, näherzukommen. Hunde, die sich Haus oder Wohnung mit einer menschlichen Familie teilen, bilden natürlich keine Rudel. Auch Sozialgruppen werden unter diesen Tieren selten beobachtet. Dies liegt daran, dass ihre Lebensbedingungen mit großen Einschränkungen einhergehen. Familienhunde werden oft zu Verhaltensmustern gezwungen, welche eher einem solitären als einem hochsozialen Lebewesen entsprechen:

121 Macdonald und Carr, „Variation in dog society", 333.
122 Ebenda, 326.
123 Siehe auch Boitani et al., „The ecology and behavior of feral dogs: A case study from central Italy".

Sie haben kaum Gelegenheit, ihre Aktivitäten potenziellen Gefährten oder Konkurrenten anzupassen. Möglicherweise sind sie auch weniger stark motiviert, soziale Gruppen mit Artgenossen zu bilden, wenn sie stark auf den Menschen geprägt und ihre Grundbedürfnisse für Nahrung und Sicherheit gedeckt sind. Ihre Versuche, sich zusammenzuschließen – zum Beispiel auf der Hundewiese – fallen oft unbeholfen und wenig erfolgreich aus. Dies könnte daran liegen, dass die Bedingungen für das Bilden von Gruppen nicht stabil sind und die Konstellation der Individuen auf der Hundewiese fluktuiert – und auch daran, dass wir Menschen uns häufig einmischen. Die Tatsache, dass Menschen Familienhunde nicht in Gruppen beobachten, heißt jedoch nicht, dass diese verhaltenstechnisch nicht zur Rudelbildung in der Lage wären, sondern schlicht und einfach, dass entsprechende soziale und ökologische Bedingungen fehlen.

Die Daten, welche wir zu Freigängern und verwilderten Hunde haben, bieten solidere, jedoch mehrdeutige Indizien. Die ersten Studien an Freigängern ließen vermuten, dass diese zumeist solitär leben bzw. nur kleine oder vorübergehende Gemeinschaften eingehen. In den letzten beiden Jahrzehnten ist jedoch ein komplexeres Bild entstanden: Freigänger können bei der Bildung stabiler Gruppen beobachtet werden, die in der Regel aus zwei bis zwölf Individuen bestehen. Die meisten Gruppen liegen näher an der niedrigen Seite des Spektrums; d. h. kleinere Gemeinschaften sind häufiger. Obwohl manche Hundegruppen stabil wirken, stellt Alan Beck in seinen Studien zu den Freigängern Baltimores fest, dass sich Gruppen schnell bilden und ebenso schnell wieder auflösen – oft innerhalb von Tagen oder sogar Minuten.[124] Beobachtungsstudien an mit Peilsendern ausgestatteten Freigängern zeigen, dass individuelle Mitglieder in der Verteidigung des Reviers kooperieren. Dabei kommt es nicht notwendigerweise zu direkten Konfrontationen zwischen den Gruppen – vielmehr ist es so, dass größere Gruppen ganz einfach mehr auffallen, was die Wahrscheinlichkeit von Raufereien verringern könnte.[125] Ebenso ist denkbar, dass Hunde an manchen Orten nicht gesehen werden wollen und darum bevorzugt alleine oder in kleineren Gruppen unterwegs sind.[126]

Die Grenze zwischen Freigängern und verwilderten Hunden ist nicht klar definiert. Ändert sich das Sozialverhalten, je wilder die Hunde werden? Daniels' und Bekoffs Forschung deutet darauf hin, dass verwilderte Hunde

124 Beck, *Ecology of Stray Dogs.*
125 Macdonald und Carr, „Variation in dog society", 335.
126 Ebenda, 336.

tatsächlich andere Muster sozialer Organisation zeigen als Freigänger. Die Wissenschaftler beobachten, dass Freigänger in städtischen und ländlichen Gebieten weniger sozial sind als verwilderte Hunde, welche typischerweise im Rudel leben.[127] Auch lassen sich saisonbedingte Variationen in verwilderten Rudeln beobachten: Die Fortpflanzung scheint die Sozialstruktur direkt (Welpen werden in ein Rudel hineingeboren) und indirekt (trächtige Hündinnen trennen sich vorübergehend vom Rudel, um zu werfen) zu beeinflussen.[128]

Die Zusammensetzung der Gruppe: Wer sich mit wem zusammentut

Wie könnten posthumane Hunderudel aussehen? Zumindest die ersten Gruppen werden aus nicht miteinander verwandten Individuen bestehen: Hundefamilien werden in der Regel vom Menschen getrennt und leben oft weit voneinander entfernt. Im Laufe der Zeit könnten posthumane Hunderudel Wolfsrudeln mehr und mehr ähneln.

Wilde Kanidenrudel setzen sich typischerweise aus Individuen zusammen, die einander in Körpergröße und Morphologie ähneln. Vielleicht werden sich Hunde mit Artgenossen ähnlicher Körpergröße zusammentun, sodass sich einerseits Rudel kleiner und andererseits großer Hunde ergeben. Andererseits könnten gemischte Rudel aus großen und kleinen Mitgliedern die Vorteile des Gruppenlebens genießen, ohne direkt um ein und dieselben Nahrungsressourcen zu konkurrieren. Erfolgreiche Gruppen bestehen zudem meist aus Individuen mit unterschiedlichen Persönlichkeiten, höher- und niederrangigen Tieren und Vierbeinern, die gerne die Leitung übernehmen genau wie solchen, die sich lieber führen lassen. Diese Verhaltensunterschiede, welche auch als Verhaltenspolymorphismen bezeichnet werden, können zur Integrität und zum Zusammenhalt der Gruppe beitragen und das

127 Daniels und Bekoff, „Population and Social Biology of Free-Ranging Dogs", 754.
128 Ebenda, 753. Miterniques und Gaunets Diskussion in „Coexistence of Diversified Dog Socialities and Territorialities in the City of Concepción, Chile" ist hochinteressant: „Auch neue Formen der Geselligkeit wurden nachgewiesen – die Hunde zeigen Grade an Geselligkeit, die zwischen der Familienhund- und der Streunerkategorie liegen. Wir gehen davon aus, dass diese einzigartige Vielfalt sozio-räumlicher Positionierung und der Anpassungsgrad an den Menschen (z. B. Hunde, die Zebrastreifen entweder alleine oder gemeinsam mit Menschen nutzen) durch die besondere Kultur Concepcións und die Diversität der Stadtarchitektur ermöglicht wird. Die Art der Hunde zeigt also großes Potenzial für soziale und räumliche Anpassung. Die Tatsache, dass diese von der Stadtarchitektur und der Kultur der menschlichen Bewohner abhängt, erklärt, warum Hunde an all denselben Orten zu finden sind wie wir."

Zu- bzw. Abwandern einzelner Tiere beeinflussen.[129] Eine Gruppe, die einzig aus dominanten Persönlichkeiten bzw. Leithunden bestünde, würde andererseits nicht problemlos funktionieren. Daraus lässt sich schließen, dass unterschiedliche Rassen und Temperamentstypen zusammenkommen und erfolgreiche Gruppen bilden könnten.

Eine weitere spekulative Frage ist, ob Hunde mit stark unterschiedlichen Erfahrungshintergründen (z. B. Familienhunde und verwilderte Hunde) aufeinandertreffen und sich erfolgreich zusammenschließen. Eine der Rezensentinnen dieses Buchs bestätigt, dass sie dies an den Freigängern rund um Rom beobachtet habe. In Rom werden ausgesetzte Familienhunde oft nach und nach in bestehende Freigängerrudel aufgenommen. Ebenso kommt es mitunter dazu, dass ehemalige Haustiere eigene kleine Rudel mit ihresgleichen bilden. Diese bestehen zumeist aus drei oder vier Individuen. Andere Ex-Familienhunde werden „früher oder später verjagt, attackiert und manchmal ernsthaft verletzt". Hündinnen scheinen leichter Akzeptanz zu finden als Rüden, und manche Rassen haben es leichter als andere. „Weniger kommunikative Rassen", beobachtet die Rezensentin, „haben zweifellos größere Probleme, sich mit den Freigängern der Umgebung zu arrangieren."[130]

Meinungsverschiedenheiten

Individuen und Gruppen müssen dazu in der Lage sein, Konflikte effektiv aus der Welt zu schaffen. Zwischen einzelnen Hunden und Paaren, innerhalb größerer Hundegemeinschaften und zwischen verschiedenen Gruppen kommt es hin und wieder zu Konflikten. Diese können auch ernsthaft ausfallen, vor allem, wenn Ressourcen nur begrenzt vorhanden sind. Ob die Fähigkeit, Konflikte zu vermeiden und aufzulösen, im Laufe der Domestizierung teils verloren ging, ist unklar. Die deutsche Ethologin Dorit Feddersen-Petersen argumentiert, dass das Sozialverhalten der Hunde deutlich von dem der Wölfe abweiche und unsere Haustiere so manches Kommunikationswerkzeug ihrer Vorfahren verloren hätten. Die Schlüsse, die Feddersen-Petersen zieht, basieren zwar auf wenigen Datenpunkten, werfen jedoch interessante Fragen zum Effekt selektiver Zucht auf das Verhalten auf. „In unserer Forschung", schreibt sie, „stellten wir fest, dass manche Hunderassen nicht in Gruppen kooperieren (auf gut Deutsch: Dinge gemeinsam

129 Bekoff, „Mammalian Dispersal".

130 Die Kommentare wurden von einer anonymen Rezensentin des Manuskripts an unseren Herausgeber an der Princeton University Press gesendet.

tun) und miteinander konkurrieren können, was sich in ihren Schwierigkeiten, eine Rangordnung aufzustellen und beizubehalten, zeigt." Feddersen-Petersen zufolge sollen Pudel besonders unbeholfen sein. Sie schreibt weiter: „Die Interaktionen dieser Hundegruppen sind nicht funktionell, und die Mitglieder haben Schwierigkeiten, mit Herausforderungen der Umgebung umzugehen. Dabei fällt besonders auf, dass taktische Varianten der Konfliktlösung (beschwichtigen, animieren oder einen Gegner hemmen) – eine unter Wölfen weit verbreitete Technik – in Gruppen mancher Hunderassen nicht existieren. [...] In vielen Hundegruppen eskalieren triviale Konflikte zu ernsthaften Raufereien."[131]

Zu einem anderen Schluss kommen Roberto Bonanni und Simona Cafazzo in ihrer Forschung an der Rudelstabilität italienischer Freigänger: „Unsere Resultate lassen vermuten [...], dass die Evolution in der domestizierten Welt die Fähigkeit der Hunde, strukturierte Rudel mit Artgenossen zu bilden, kaum verändert hat."[132] Eine mögliche Erklärung für die unterschiedlichen Ergebnisse von Feddersen-Petersens und Bonannis und Cafazzos Studien ist, dass Feddersen-Petersen reinrassige Familienhunde erforscht, während sich Bonanni und Cafazzo mit Freigängern, bei denen es sich vermutlich großteils um Mischlinge handelt, beschäftigen.

Strukturierte Rudel verfügen in der Regel über Hierarchien. Das gilt für Wolfsrudel und wird auch für Hunde der Fall sein. Obwohl Rangordnungen mit gewissen Nachteilen einhergehen – beispielsweise mit dem Risiko, als Letzter fressen zu müssen oder sich nicht fortpflanzen zu dürfen –, machen die Vorteile des Lebens in einer gut funktionierenden Gruppe diese in der Regel wett. Hierarchien helfen den Tieren dabei, den Gruppenzusammenhalt aufrechtzuerhalten – im Besonderen dadurch, dass sie mit Richtlinien einhergehen, welche die Wahrscheinlichkeit von Konflikten reduzieren. Ist eine Hierarchie dominanter und untergeordneter Tiere erst einmal etabliert, gibt es keinen Grund, jedes Mal einen Kampf auszutragen, wenn sich die Tiere mit einer begrenzten Menge an Ressourcen konfrontiert sehen: Jeder weiß, wo er steht und wie diese verteilt werden. Nachdem Raufereien riskant und energieaufwändig sind, profitieren alle, wenn diese möglichst selten stattfinden. Bonanni und Cafazzo erwähnen, dass es Dominanzhierarchien möglich machen, Konflikte auf relativ friedliche Art und Weise zu lösen. Sie weisen auch darauf hin, dass Dominanz im Kontext affiliativer Beziehungen

131 Feddersen-Petersen, „Social Behaviour of Dogs", 100–11.
132 Bonanni und Cafazzo, „Social Organization of a Population of Free-Ranging Dogs", 78.

ebenso zum Ausdruck kommt wie in feindlichen.[133] Ähnlich beobachtet auch der deutsche Ethologe Rudolf Schenkel, dass es sich bei der Unterwerfung unter Wölfen und Hunden um „den Versuch des Unterlegenen handelt, freundliche bzw. harmonische soziale Integration zu erlangen."[134] Rangordnungen dienen also unter anderem der Aufrechterhaltung des Friedens.

Muster räumlicher Nutzung

Die Art und Weise, in welcher Tiere ein ihnen zur Verfügung stehendes Gebiet nutzen – ob sie sich dauerhaft an ein- und demselben Ort aufhalten, wandern, Reviere markieren oder verteidigen und Ressourcen innerhalb eines bestimmten geografischen Areals teilen – ist eines der interessantesten Themen für Biologen, die sich mit Sozialverhalten beschäftigen. Die Streifzüge eines Tieres mögen wie individuelles Verhalten wirken. Tatsächlich handelt es sich jedoch bei der Nutzung des verfügbaren Raumes um eine hochsoziale Aktivität: Dazu zählen komplexe Kommunikation und Abstimmung unter Gruppen von Tieren über das Aufteilen, gemeinsame Nutzen und Konkurrieren um Areale. Wenn Biologen von Mustern räumlicher Nutzung sprechen, geht es um Konzepte wie *Streifgebiet*, *Kerngebiet* und *Revier*. William Burt definiert den Begriff Streifgebiet in einem wegweisenden Artikel als „jenes Gebiet, innerhalb dessen sich ein Individuum bewegt, wenn es alltäglichen Aktivitäten wie Nahrungssuche, Paarungsverhalten und Brutpflege nachgeht."[135] Tiere bewegen sich in ihrem Streifgebiet, um die Bedürfnisse des Überlebens zu decken: Jungtiere aufziehen, Nahrung suchen, umherwandern und Schutz vor Raubtieren und den Elementen finden. Das Kerngebiet ist ein kleinerer Sektor innerhalb des Streifgebiets, in welchem das Individuum etwa die Hälfter seiner Zeit verbringt. Das Revier ist eine Sektion des Streifgebiets, die ausschließlich oder hauptsächlich einem bestimmten Tier zugestanden wird. Reviere werden aktiv gegen Eindringliche derselben und anderer Arten verteidigt. Die Abwehr kann körperlich (Zähne und Krallen) ausfallen oder indirekt über olfaktorische Signale wie Duftmarken, visuelle Indikatoren wie gefletschte Zähne, gesträubtes Nackenfell und Rutenhaltung oder auditiv mittels Bellen und Heulen erfolgen. Individuen und Gruppen gelten als territorial, wenn sie derartiges Verhalten zeigen.

133 Ebenda, 70, 78.
134 Schenkel, „Expressions Studies on Wolves".
135 Burt, „Territoriality and home range concepts".

Streifgebiete, Kerngebiete und Reviere sind für posthumane Hunde ausgesprochen wichtig. Darüber, wie genau diese aussehen und wie Hunde das Aufteilen räumlicher Ressourcen untereinander und mit anderen Arten aushandeln, können wir nur spekulieren. Auch lässt sich nicht mit Sicherheit sagen, wie Muster räumlicher Nutzung durch den Domestizierungsprozess beeinflusst wurden. Ebenso ist unklar, wie sich die unterschiedlichen ökologischen Kontexte, in welchen Hunde aufwachsen und leben, auf die entsprechenden Verhaltensweisen auswirken.

Die Muster räumlicher Nutzung unter Familienhunden werden kaum verstanden und lassen sich schwer erforschen. Menschen üben dermaßen viel Kontrolle darüber aus, wo und wann ihre Haustiere sich bewegen, dass die Daten – sofern wir welche hätten – nicht besonders nützlich für unsere Spekulationen wären. Räumliche Nutzung unter verwilderten Hunden und Freigängern ist ein etwas häufiger erforschtes Thema. Obwohl viele Fragen offen bleiben, können wir daraus so manchen guten Hinweis auf die Größe des Streifgebiets, territoriales Verhalten und den Zusammenhang zwischen Territorialverhalten und ökologischen Variablen wie dem Nahrungsangebot ableiten.

1973 veröffentlichte Alan Beck eine der ersten Beobachtungsstudien zum Muster räumlicher Nutzung von Freigängern in Baltimore, Maryland.[136] Das Streifgebiet der von Beck erforschten Streuner ist im Durchschnitt 0,26 km^2 groß. Stephen Spottes *Societies of Wolves and Free-ranging Dogs* beinhaltet eine umfassende Metaanalyse zur Größe der Streifgebiete. Spotte berichtet über große Variationen innerhalb der vorhandenen wissenschaftlichen Artikel. Ein Muster findet sich jedoch immer wieder: Die Streifgebiete von Stadthunden sind wesentlich kleiner als jene in ländlichen Gebieten. (Stadt und Land beziehen sich in diesem Fall auf die menschliche Populationsdichte.) Im städtischen Raum sind Streifgebiete in der Regel unter 10 Hektar (0,1 km^2) groß. Die Nahrungsressourcen in im städtischen Raum sind dicht konzentriert und oft reichlich vorhanden, da hier große Mengen an menschlichem Abfall und Essensresten anfallen. In ländlichen Gegenden sind die Nahrungsressourcen weniger dicht verteilt und die Streifgebiete deutlich größer: Studien finden Streifgebiete zwischen 0,2 Hektar (0,002 km^2) und 2 850 Hektar (28,5 km^2).[137] Auch andere Forscher, die die Daten verschiedener Studien

136 Beck, „Ecology of ‚Feral' and Free-Roving Dogs".
137 Spotte, *Societies of Wolves and Free-ranging Dogs*, 112.

an Freigängern und verwilderten Tieren vergleichen, weisen auf die extremen Unterschiede hin, die damit einhergehen, *wo* ein Hund lebt.[138]

Es ist schwierig, auf Basis der vorhandenen Daten vorherzusagen, wie groß die Streifgebiete posthumaner Hunde sein könnten: Die Biomasse der Nahrung wird in Abwesenheit des Menschen stark reduziert und anders verteilt sein. Wir vermuten jedoch, dass die Größe des Streifgebiets und die Verhaltensmuster jenen ähneln, die wir heute unter Freigängern und verwilderten Hunden im dünn besiedelten Raum beobachten können: Auch ihre Nahrungsressourcen sind über große Distanzen verteilt.

Vorhandene Studienergebnisse lassen vermuten, dass die Größe des Streifgebiets und die Ausprägung des Territorialverhaltens davon abhängen, welche Nahrungsquellen verfügbar sind und wo sich diese befinden. Matthew Gompper beschreibt in *Free-Ranging Dogs and Wildlife Conservation* die Verhaltensunterschiede zwischen Freigängern in italienischen Dörfern und jenen, die in nahegelegenen ländlichen Gebieten leben. Dorfhunde sind in der Regel Einzelgänger, während die Hunde im ländlichen Raum in territorialen Rudeln leben. Beide Gruppen sind auf anthropogene Nahrungsressourcen angewiesen, entwickeln jedoch unterschiedliche soziale Organisationsformen und Nahrungsstrategien.[139]

Posthumane Hunde müssen ihre Nahrungsressourcen ebenfalls verteidigen, und entsprechend den vorhandenen ökologischen Nischen kommt es zu Variationen in der sozialen Organisation und im Revierverteidigungsverhalten. Bonanni und Cafazzo vermuten, dass Freigänger weniger territorial als Wölfe sind, weil Erstere mehr als genug Nahrung finden und ihre Populationsdichte höher ist. Das Territorialverhalten unter einander begegnenden Freigängergruppen scheint von mehreren Faktoren abzuhängen: Dichte, Menge, Vorhersehbarkeit und Verteilung der Nahrungsressourcen.[140] Hunde verschiedener Größen könnten sich ein Streifgebiet teilen, wenn sich ihre bevorzugten Nahrungsquellen stark genug unterschieden, um die Konkurrenz gering zu halten.

Mehrere Studien kommen zu dem Schluss, dass die Muster räumlicher Nutzung jahreszeitlich variieren und auch davon abhängen, ob junge Welpen versorgt werden müssen. Thomas Daniels beobachtet etwa jahreszeitlich bedingte Muster an mehreren Rudeln verwilderter Hunde im

138 Macdonald und Carr, „Variation in dog society" und Boitani et al., „Population biology and ecology of feral dogs".

139 Gompper, *Free-Ranging Dogs and Wildlife Conservation*, 27. Er bezieht sich auf Luigi Boitani, David Macdonald und andere.

140 Bonnani und Cafazzo, „Social Organization of a Population of Free-Ranging Dogs", 90.

Navajo-Reservat (ein Gebiet, welches Teile von Arizona, New Mexico und Utah umfasst). Erwachsene Hunde beschränken ihre Wanderungen auf ein kleineres Gebiet, solange die Welpen jung sind – ein gängiges Verhaltensmuster unter Kaniden. Sind die Welpen mobiler und unabhängiger, weiten die erwachsenen Tiere ihre Streifzüge aus. „Im Canyon-Rudel vergrößerte sich das durchschnittliche Streifgebiet um mehr als das Zehnfache, als die Welpen in einem Alter von circa vier Monaten ohne erwachsene Tiere überlebensfähig waren."[141]

Wie bereits erwähnt setzen Freigänger akustische, olfaktorische und visuelle Signale ein, um sich räumlich zu orientieren und zu verständigen. Daniels und Bekoff beschreiben Bellen etwa als „ein eindeutiges Signal, welches die Intention des ortsansässigen Tieres kommuniziert, sich einem Eindringling zu stellen."[142] Mittels Urin, Kot oder Drüsensekret gesetzte Duftmarken können Grenzen und territoriale Intentionen kommunizieren. Derartige Grenzen sind jedoch kurzlebig und müssen häufig erneuert werden. Visuelle Territorialsignale umfassen bestimmte Körperhaltungen wie einen steifen Gang und eine hoch getragene Rute sowie Gesichtsausdrücke wie gefletschte Zähne. Sie lassen Eindringlinge deutlich wissen: „Das ist mein Zuhause, *nicht* deines!"

Verschiedene andere Verhaltensmuster liefern ebenfalls Hinweise darauf, wie posthumane Hunde die ihnen zur Verfügung stehenden Gebiete nutzen: Die Größe des Streifgebiets von Säugetieren hängt in der Regel mit der Körpermasse zusammen. Das heißt, dass das Streifgebiet mit der Art wächst. Können wir aus dieser allgemeinen Säugetier-Tendenz ableiten, wie groß das Streifgebiet oder Revier zukünftiger Hunde sein wird? Wolfsreviere umfassen zwischen 13 000 und 260 000 Hektar. Die Territorien verwilderter Hunde sind in der Regel wesentlich kleiner – und das sollte uns nicht wundern, nachdem diese selbst auch deutlich weniger auf die Waage bringen. Das Streifgebiet und Revier posthumaner Hunde könnten in ferner Zukunft größer werden.

Ein weiteres Verhaltensmuster mancher Säugetiere wird als Standorttreue bezeichnet. Der Begriff beschreibt die Tendenz, an einem bestimmten Ort zu bleiben oder regelmäßig an diesen zurückzukehren. Oft handelt es sich dabei um den Geburtsort. Es ist in der Regel weniger energieaufwändig, im vertrauten Streifgebiet zu verweilen als an einen neuen Ort zu ziehen. So werden sicherlich auch manche posthumane Hunde dort bleiben, wo sie sich befinden. Andere hingegen werden sich gezwungen sehen, feindliche,

141 Daniels und Bekoff, „Spatial and Temporal Resource Use", 306.
142 Ebenda, 308.

karge oder überbevölkerte Habitate zu verlassen. Es ist nicht bekannt, welche Variablen für die erfolgreiche Kolonisierung von Neuland am wichtigsten sind.

Nachbarschaftliche Beziehungen

Familienhunde arrangieren sich mehr oder weniger erfolgreich mit ihren Menschen und dem gemeinsamen Lebensraum. Wer schon einmal versucht hat, sich neben einem Hund, der das ganze Bett für sich allein beansprucht, ordentlich auszuschlafen, kennt die Herausforderungen. Menschenunabhängige Hunde müssen hingegen mit einer ganzen Reihe ortsansässiger wilder Arten zurechtkommen. Mit diesen werden sie *kooperieren*, *konkurrieren* und *koexistieren* – die „3 K-s".

Sympatrische Beziehungen, das heißt Beziehungen unter Arten, welche sich einen Lebensraum teilen, variieren zeitlich und örtlich – je nach Verfügbarkeit von Nahrung und anderen Ressourcen. Möglicherweise interagieren posthumane Hunde mit wilden Kaniden wie Füchsen, Kojoten, Wölfen, Dingos, Schalaken und Afrikanischen Wildhunden. An ehemals urbanen Orten teilen sie sich vielleicht einen Lebensraum mit Katzen, Waschbären, Rehen, Ratten, Mäusen und diversen Aas und Müll fressenden Vögeln, die ein Leben in und in der Nähe von menschlichen Siedlungen gewohnt sind. In ländlichen Gegenden hingegen werden Hunde auf andere, zum Teil jedoch auch auf dieselben Tiere treffen.

Ist der Mensch nicht mehr im Spiel, werden die Hunde die Landschaft der 3 K-s verändern. So könnte es dort, wo sich Hunde, Wölfe und Kojoten einen Lebensraum teilen, zu Veränderungen der Konkurrenz innerhalb der Gilde oder zwischen sympatrischen Karnivoren kommen.[143] (Bei einer Gilde handelt es sich um eine Gruppe von Arten, welche dieselben Ressourcen auf ähnliche Weise nutzt.) Wölfe, Kojoten und Hunde haben einen ähnlichen Speiseplan und könnten an Orten, wo alle drei Arten aufeinandertreffen, um dieselben grundlegenden Nahrungsressourcen konkurrieren.[144] Werden Hunde mit Wölfen um große Beutetiere wie Elche streiten oder mit Kojoten um kleinere Happen wie Mäuse und Hasen wetteifern?

143 Siehe Vanak und Gompper, „Dietary niche separation between sympatric free-ranging domestic dogs and Indian foxes in central India" und Vanak et al., „Top-dogs and underdogs: Competition between dogs and sympatric carnivores."

144 Zum Thema Hunde als Mitglieder von Karnivoren-Gilden siehe Vanak et al., „Top-dogs and underdogs: Competition between dogs and sympatric carnivores".

Eine weitere Option ist Prädation innerhalb der Gilde. Das heißt, dass konkurrierende Raubtiere nicht nur ähnliche Beutetiere, sondern auch *einander* jagen. An Orten, an denen Wölfe, Hunde und Pumas aufeinandertreffen und um Nahrungsressourcen konkurrieren, könnten Hunde also auch auf dem Speiseplan eines Wolfs oder Pumas stehen. Ebenso (eine Vorstellung, die zugegebenermaßen etwas mehr Fantasie erfordert) könnten Wölfe oder Pumas theoretisch einem Hund zum Opfer fallen.

Ökologe und Naturschutzbiologe Abi Vanak und seine Kollegen stellen fest, dass Hunde mit verschiedensten artfremden Karnivoren konkurrieren – darunter Geier, Adler, Beuteltiere, Zibetkatzen, Dachse, Löwen und Hyänen, um nur einige mögliche Nachbarn zu nennen. Die Intensität des Wettbewerbs hängt von der relativen Position der Hunde innerhalb der heimischen Karnivorengemeinschaft, der Populationsdichte der Hunde sowie ihrer Tendenz, Rudel zu bilden, ab.[145]

Als Beispiel dafür, wie die sympatrischen Beziehungen der Hunde von deren Größe, Verhalten und Nahrungsökologie abhängen, wollen wir uns die Beziehung zwischen Hunden und Wölfen ansehen. Je nach lokalen ökologischen Bedingungen können Wölfe und Hunde miteinander kooperieren, konkurrieren oder koexistieren. Gelegentlich paaren sie sich vielleicht sogar miteinander. Kleinere Hunde werden von Wölfen unter Umständen nicht als Konkurrenten wahrgenommen und können sich Lebensräume problemlos teilen. Andererseits ist vorstellbar, dass kleine Hunde zu Beutetieren werden. In diesem Fall kommt keines der drei K-s ins Spiel – zumindest nicht aus dem Blickwinkel der Wölfe. Größere Hunde werden wahrscheinlich als Konkurrenten gesehen – besonders, wenn ihr Speiseplan mit dem der Wölfe identisch ist. Jagten mittelgroße und große Hunde hingegen ausschließlich kleine Beutetiere und Insekten bzw. fräßen Pflanzen, könnten sie relativ konfliktfrei mit ihren wilden Vorfahren koexistieren.

Wölfe und Kojoten sind zwei Arten, deren Verhältnis uns hilft, zu verstehen, wie sich sympatrische Beziehungen entwickeln, wenn sich Ökosysteme verschieben und Tiere zu- oder abwandern. 1995 wurden Wölfe wieder im Yellowstone-Nationalpark angesiedelt, nachdem sie 1926 vom Menschen vertilgt worden waren. Der Bestand erholte sich schnell. Als sich Wolfsrudel im Lamar Valley bildeten, dezimierten sie jedoch die dort lebenden Kojoten. In Hinblick auf Nahrung war das Lamar Valley ein geschlossenes System – eine mögliche Erklärung für die starke Konkurrenz der beiden Arten. Verschwinden wir Menschen, kommt es zwangsläufig zu verschiedenen

145 Ebenda, 69.

„Hunde-Wiederansiedlungsexperimenten": Hunde werden wieder Teil der Natur, entwickeln sich zu Wildtieren und beginnen, als solche (anstatt als Haustiere) in verschiedene Ökosysteme einzudringen.[146] Je geringer das Nahrungsangebot in den neuen Lebensräumen, desto wahrscheinlicher kommt es zu Konkurrenz statt Kooperation oder Koexistenz mit sympatrischen Arten.

Die Vielfalt der Beziehungen, welche Hunde mit sympatrischen Arten eingehen könnten, ist enorm. Unter Umständen werden diesen weder unsere binären Kategorien von Raub- und Beutetier noch in die drei K-s gerecht. Die Ökologin Erin Boydston und ihrer Kollegen stellen in einer faszinierenden Studie zu den Interaktionen zwischen Hunden und Kojoten fest, dass die Begegnungen der beiden Arten auf einer Skala zwischen verspielt und feindlich liegen. Sowohl Hunde als auch Kojoten initiieren den Kontakt, und die Größe der Hunde scheint zu beeinflussen, wie die Begegnung verläuft. Das

146 Auch heutige Hunde konkurrieren bereits stark mit wilden Arten und beeinflussen Ökosysteme deutlich. Eine Gruppe australischer Forscher katalogisiert den Einfluss von Haushunden auf Wildtiere rund um die Welt, insbesondere auf als gefährdet eingestufte Wirbeltiere. 2017 fassten sie einen Teil ihrer Ergebnisse in der Fachzeitschrift *Biological Conservation* zusammen. Haushunde – darunter verwilderte Hunde, Freigänger und Familienhunde – trugen zum Aussterben von 11 Wirbeltierarten bei und stellen weltweit eine tatsächliche oder potenzielle Bedrohung für mindestens 188 Arten dar. „Bejagung durch Hunde ist die am häufigsten erwähnte Auswirkung. Darauf folgen die Störung von Wildtieren, Krankheitsübertragung, Konkurrenz und Hybridisierung." Doherty et al., „The global impacts of domestic dogs on threatened vertebrates", 56.

Ein 2019 in der *Washington Post* erschienener Artikel über die Problematik von Hunden, die Wildtiere in Brasilien töten, konzentriert sich auf die Arbeit dieses Forschungsteams:

„In einem Land, in dem es mehr Hunde als Kinder gibt – und in dem Hunde dabei sind, das tödlichste aller Raubtiere zu werden –, beginnen mehr und mehr Forscher, diese Frage zu stellen. Die Tiere dringen in Naturschutzgebiete und Nationalparks ein. Sie bilden Rudel, von denen manche 15 Hunde zählen, und jagen wilde Beutetiere. Dabei sind sie heimischen Prädatoren wie Füchsen und Großkatzen in Naturschutzgebieten zahlenmäßig überlegen: Das Verhältnis Hund zu Puma ist 25 zu 1, und das Verhältnis Hund zu Ozelot sogar 85 zu 1. […]

Die australischen Forscher befinden Hunde in der Ausrottung von 11 Arten für schuldig und erklären sie hinter Katzen und Nagern zum dritttödlichsten Säugetier.

Die International Union for Conservation of Nature (Anmerkung der Übersetzerin: Weltnaturschutzorganisation) führt eine Liste von Tieren, deren Anzahl aufgrund von Hunden sinkt. Die Liste zählt 191 Arten, und mehr als die Hälfte wird entweder als gefährdet oder potentiell gefährdet eingestuft. Darunter finden sich gewöhnliche Leguane ebenso wie der berühmte Tasmanische Teufel, Tauben und Affen – eine bunte Gruppe an Tieren, die abgesehen davon, dass Hunde sie mit Vorliebe töten, nichts gemeinsam haben. In Neuseeland, berichtet die Organisation, tötete ein einziger Deutscher Schäferhund 500 Kiwis – und dabei handelt es sich um eine konservative Schätzung.

Terrence McCoy, „The dog is one of the world's most destructive mammals. Brazil proves it", *Washington Post*, 20. August 2019, Abruf am 15. April 2020. https://www.washingtonpost.com/world/the_americas/the-dog-is-one-of-the-worlds-most-destructive-mammals-brazil-proves-it/2019/08/19/c37a1250-a8da-11e9-8733-48c87235f396_story.html.

Aufeinandertreffen von großen Hunden und Kojoten fällt mitunter kämpferisch aus, während dies für keinen der kleinen Hunde in der Studie der Fall ist.[147]

Eine spekulative Erklärung für Boydstons Beobachtungen ist, dass Wildtiere über Schemata anderer Tiere, mit welchen sie sich ein Ökosystem teilen, verfügen. Ein Schema ist eine kognitive Abkürzung, die dem Tier erlaubt, Beobachtungen schneller zu verarbeiten. Vielleicht entsprechen große Hunde dem Schema „Kojote" (werden also als Artgenossen wahrgenommen), während kleine Hunde dies nicht tun. Übertragen wir diese Hypothese auf andere Situationen, in welchen posthumane Hunde versuchen könnten, sich in bestimmte Ökosysteme zu integrieren, können wir davon ausgehen, dass manche Hunde dem Schema anderer ortsansässiger Wildtiere entsprechen – zum Beispiel Hunde, die Wölfen oder Dingos ähneln. Möpse oder Französische Bulldoggen hingegen könnten von Wildtieren einfach nicht erkannt werden.

Wir wollen nun einen Schritt zurück machen, um die posthumane Welt aus der Vogelperspektive zu betrachten. Bisher haben wir uns damit beschäftigt, wie Hunde aussehen, wen oder was sie fressen, wie sie sich fortpflanzen und wie sie Beziehungen untereinander und mit sympatrischen Tieren meistern. Jetzt wollen wir uns der nächsten und spannendsten Frage zum Thema posthumane Hunde widmen: *Wer* sind sie ohne *Homo sapiens*, den Schlüsselpartner ihrer Evolution? Wie sieht ihr Innenleben aus?

Menschen lieben Hunde nicht nur aufgrund ihres Äußeren. Es geht um mehr als den Dackelblick, die süßen Schlappohren und das weiche Fell. Auch das Innenleben der Hunde – ihre Persönlichkeit – zieht uns an und bildet die Basis für engen Freundschaften und gegenseitige Loyalität. Im nächsten Kapitel über den möglichen Evolutionsverlauf posthumaner Hunde wollen wir uns mit deren Innenwelt auseinandersetzen.

147 Boydston et al., „Canid vs. canid".

6. Das Innenleben posthumaner Hunde

Balis Freigänger laufen und spielen am Strand von Batu Bolong.

Hundehalter wissen aus erster Hand, was Hunderte Bücher und wissenschaftliche Artikel zum Thema Kognition und Emotionen bestätigen: Die Tiere sind blitzgescheit, intuitiv und aufmerksam. Zu den Fähigkeiten, die für das zukünftige Überleben relevant sind, zählen die Geschwindigkeit, mit der sie Informationen verarbeiten, Neues lernen und Probleme lösen, ohne frustrierenden Erfahrungen zu erliegen sowie ihr Vermögen, Risiken und die Intentionen und Emotionen anderer korrekt einzuschätzen.

Welche dieser kognitiven und emotionalen Eigenschaften sind für posthumane Hunde besonders relevant? Wie werden sie mobilisiert und dem Kontext entsprechend modifiziert? Wie prägen neue Lebensumstände deren Entwicklung? Die kognitiven und emotionalen Fähigkeiten – was Hunde wissen und fühlen – beeinflussen ihr Überleben und werden umgekehrt von posthumanen Herausforderungen dirigiert und modifiziert.

Wie wir bereits in früheren Kapiteln sehen konnten, ist es nicht unbedingt intuitiv, welche Merkmale oder Verhaltensweisen in einer posthumanen Welt am nützlichsten sind. Der erste Eindruck ist oft trügerisch – und gerade das macht es so interessant, uns die Zukunft vorzustellen.

Denken und Wissen

Nicht nur was die morphologischen Merkmale, sondern auch was kognitive Kapazitäten betrifft sind Hunde individuell verschieden. Einfach ausgedrückt bezieht sich der Begriff „Kognition" auf psychische Vorgänge wie Wahrnehmungsvermögen, Lernen, Aufmerksamkeit, Arbeitsgedächtnis, Langzeitgedächtnis, das Treffen von Entscheidungen, Problemlösevermögen und Intelligenz.[148]

In früheren Kapiteln haben wir bereits darauf hingewiesen, dass bestimmte physische Eigenschaften Hunde als Art definieren (vierbeinige Karnivoren mit einer Rute, zwei Ohren und einer ausgezeichneten Nase), es jedoch gleichzeitig zu starken individuellen Variationen kommt. Jeder Hund hat eine Rute, aber manche Schwänze sind kürzer als andere, manche haariger

148 Das Wort „Intelligenz" bezieht sich auf die Fähigkeit eines Individuums, sich Wissen anzueignen, sich mit dessen Hilfe verschiedenen Situationen anzupassen und unterschiedlichste Aufgaben zu meistern. Howard Gardner führt in seinem 1983 erschienenen Buch *Frames of Mind* das Konzept mehrerer verschiedener „Intelligenzen" ein. Seine Hypothese besagt, dass Intelligenz keine einzige, generalisierte Fähigkeit sei, sondern verschiedene „Modalitäten" – verschiedene Arten, Information zu verarbeiten – involviere. So seien manche Menschen etwa visuelle und andere verbale Typen. Auch Hunde haben verschiedene „Intelligenzen" und ein einzigartiges Profil intellektueller Fähigkeiten, die sie sich zunutze machen.

und manche gekrümmter. Ebenso teilen alle Hunde bestimmte Sinneswahrnehmungen, welche beim Treffen von Entscheidungen helfen – darunter ein ausgezeichneter Geruchssinn, gute Ohren und Sehschärfe unter schwachen Lichtbedingungen, Kommunikationsvermögen mittels olfaktorischer, visueller und auditiver Signale und Beobachtungslernen.[149] Zugleich hat jeder Hund ein einzigartiges kognitives Profil. Die Variablen sind fast unendlich kombinierbar. So kann ein Hund in einem Bereich benachteiligt sein, jedoch über andere Fähigkeiten verfügen, die diesen mehr als ausgleichen: Er könnte sich schwertun, die Emotionen seiner Artgenossen zu lesen, aber ein ausgezeichneter Eichhörnchenjäger sein.

Verhaltensflexibilität

Donald Griffin, der „Vater der Kognitionsethologie", betont, dass Verhaltensflexibilität oder -plastizität – die Fähigkeit, angesichts wechselnder Bedingungen eine große Bandbreite adaptiver Entscheidungen zu treffen – auf das Vorhandensein eines Bewusstseins hinweist. Mehr und mehr Forscher im Bereich der Ökologie und der Kognitionswissenschaften beschäftigen sich damit, wie Tiere ihre kognitive Leistung an sich verändernde und neue Umweltherausforderungen angleichen. Die Plastizität kognitiver Fähigkeiten stellt einen evolutionären Vorteil dar, der die Überlebenschancen erhöht.[150] Während Hunde einerseits über große Verhaltensflexibilität verfügen, variieren ihre Stärken andererseits individuell sehr stark.

Verhaltensflexibilität ist ziemlich sicher ein entscheidendes Element zum Überleben der Hunde in einer posthumanen Welt. In allen vorstellbaren Szenarien kommt es zu bedeutenden Änderungen der ökologischen Herausforderungen, welchen sich die Hunde stellen müssen – vom abrupten Verlust menschlicher Futtersubventionen bis hin zu der nun besonders wichtigen Eigenschaft, soziale Interaktionen mit Hunden und anderen Tieren erfolgreich zu meistern. Manche Hunde werden mit den neuen Herausforderungen besser umgehen können als andere, weil sie flexibler sind und Lösungen für neue soziale und ökologische Probleme finden.

149 Bekoff und Pierce, *Unleashing Your Dog.*

150 Cauchoix, Chaine und Barragan-Jason, „Cognition in Context" und Szabo, Damas-Moreira und Whiting, „Can Cognitive Ability Give Invasive Species the Means to Succeed?"

Lernen

Hunde lernen schnell. Aber wie und was sie lernen, wird in einer posthumanen Zukunft ganz anders aussehen als heute: Wir bringen ihnen nichts mehr bei. Auch müssen sie nicht mehr üben, angemessen mit uns zu interagieren und sich in einer menschendominierten Welt zu bewegen. Andererseits gilt es, neue Herausforderungen zu meistern – und zwar schnell!

Wir wollen mit Familienhunden beginnen. Diese lernen wahrscheinlich das meiste von und über den Menschen – in erster Linie dahingehend, wie sie sich in der einzigartigen ökologischen Nische, die das menschliche Zuhause darstellt, zu verhalten haben. Gewisse Dinge werden ihnen auch aktiv vom Menschen beigebracht: Sie werden „trainiert", auf bestimmte verbale Signale und Gesten zu reagieren, sich auf „Spaziergängen" nicht zu weit zu entfernen und manche Orte in ihrem Ökosystem zu meiden – etwa das Sofa. Familienhunde lernen zwar eine breites Spektrum an Verhaltensweisen und „Kommandos", allerdings ist unklar, wie viel davon in einer posthumanen Umgebung nützlich wäre. Tricks wie „Komm! Sitz! Bleib!" oder „Mach Männchen!" sind für menschenunabhängige Tiere nicht relevant. Die Impulskontrolle, die ein notwendiges Nebenprodukt menschlichen Trainings ist, könnte sich jedoch durchaus als Vorteil herausstellen.

Wie dem auch sei – Familienhunde können wesentlich mehr, als ihnen von ihrer menschlichen Familie bewusst beigebracht wird. Es ist durchaus denkbar, dass der Großteil dessen, was ein Haustier lernt, von diesem selbst gesteuert wird: Hunde sind ausgezeichnete Beobachter menschlichen Verhaltens. Sie erkennen auch mittels Versuch und Irrtum, welche Verhaltensweisen uns gegenüber zum Erfolg führen und wie sich unangenehme Erfahrungen vermeiden lassen. Manche Hunde müssen lernen, sich einer schnellen Abfolge wechselnder ökologischer Nischen anzupassen: von einem Zuhause ins Tierheim und von dort in ein anderes Zuhause. Viele Tiere navigieren derartige komplexe Herausforderungen erfolgreich.

Vergleiche zwischen Hunden und Wölfen liefern Hinweise darauf, wie der Domestizierungsprozess die genetische Anlage der Hunde, Neues zu lernen, geformt hat. Die bisherige Forschung konzentriert sich besonders darauf, wie Hunde lernen, menschlichen Signalen zu folgen – im Besonderen Zeigegesten: Der Mensch deutet mit dem Finger auf etwas, von dem er will, dass der Hund es sieht. Wenig überraschend wurde festgestellt, dass

Familienhunde derartigen Signalen mit größerer Verlässlichkeit folgen als Freigänger und dass beide Gruppen Wölfen überlegen sind.[151]

Wir wissen nicht viel über das Lernverhalten und die Weitergabe von Wissen in Freigängerpopulationen. So ist kaum etwas über die Vermittlung sozialer und kultureller Kenntnisse von älteren Generationen an jüngere Individuen innerhalb einer bestehenden oder zwischen verschiedenen Hundegruppen bekannt. Ein besseres Verständnis der Freigänger-Kognition könnte bei der Unterscheidung zwischen genetisch bedingten Aspekten des Lernens und den Folgen menschlicher Sozialisierung helfen.

Problemlösen

Sowohl als Individuen als auch in der Gruppe werden posthumane Hunde sich zahlreichen neuen Herausforderungen stellen müssen. Darunter sind das Finden (und gegebenenfalls Verteidigen) von Nahrung und Schutz vor Wind und Wetter; Etablieren und Behalten von Streifgebieten und Revieren; Eingehen und Aufrechterhalten von Allianzen und Paarbindungen und das Lösen von Konflikten.

Hunde mit hoher Verhaltensflexibilität beschränken sich nicht darauf, ein Problem auf nur ein oder zwei Arten lösen zu wollen. Auch Ausdauer bzw. Beharrlichkeit, Neugier, Affinität gegenüber Neuem (Neophilie), Frustrationstoleranz, Risikofreudigkeit und das Suchen und Annehmen von Hilfe spielen eine Rolle. Wer in Gruppen oder Rudeln lebt, profitiert von individuellen Variationen der Problemlösungskapazität: Individuen ergänzen einander darin, was sie wissen, wie sie lernen und wie sie Schwierigkeiten identifizieren und überwinden.

Welche Problemlösefähigkeiten sind für posthumane Hunde besonders relevant? Es kommt auf den Kontext und die Art der Probleme an, welche sich ihnen stellen. Tiere, die lernen, Schwierigkeiten im Nullkommanichts zu überwinden, haben einen Vorteil – besonders in Hinsicht auf lebenswichtige Fähigkeiten wie die erfolgreiche Jagd und das Erkennen von Gefahr. Andererseits könnten Hunde, die sich die Zeit nehmen, erst einmal zu denken, bevor sie handeln, in bestimmten Situationen überlegen sein. Manche Individuen verarbeiten problemlos vielen Variablen zugleich oder in kurzer

151 Bhattacharjee Saus und Bhadras Artikel „Free-Ranging Dogs Understand Human Intentions and Adjust Their Behavioral Responses Accordingly" nimmt das Vermögen von Freigängern, menschlichen Zeigegesten zu folgen, unter die Lupe. Die Studie bietet auch einen Überblick darüber, was wir über die entsprechenden Fähigkeiten von Familienhunden und Wölfen wissen.

Abfolge. Andere brillieren, wenn es wichtig ist, sich auf eine einzige Situation oder eine Sorte Input zu konzentrieren, statt sich mit verschiedensten Reizen zugleich auseinanderzusetzen. Besser gesagt: Manche sind gute Multitasker, während andere alles, was gerade nicht im Mittelpunkt steht, erfolgreich ausblenden. Sich dessen bewusst zu sein, was man *nicht* kann – ein Aspekt der Metakognition – stellt ebenfalls eine wertvolle Fähigkeit dar: Sie erlaubt posthumanen Vierbeinern, unlösbare Aufgaben aufzugeben und sich Dingen zu widmen, die den Energieaufwand sehr wohl wert sind.[152]

Ein weiterer Aspekt erfolgreichen Problemlösens ist die Ausdauer in der „Objektmanipulation": Worum handelt es sich bei einem neuen Objekt, und was lässt sich damit anstellen? 2019 verglichen die Hundeforscherin Martina Lazzaroni und ihre Kollegen in einer Studie zur Ausdauer (Anmerkung der Übersetzerin: im Wolf Science Center) im Rudel in Gefangenschaft lebenden Hunden und Freigängern, wie Tiere mit unterschiedlichen Lebenserfahrungen reagieren, wenn sie mit einem unbekannten Futterspielzeug konfrontiert werden. Es zeigt sich, dass Familienhunde und in Gefangenschaft lebende Hunde ausdauernder an Futterspielzeugen arbeiteten als Freigänger, um eine darin befindliche Belohnung zu erreichen.[153]

Ausdauer kann durchaus dem Problemlösen dienen – aber nur bis zu einem gewissen Punkt. Schlägt Ausdauer in sture Beharrlichkeit um, sinkt die Nützlichkeit rapide ab. In einer Studie an Tüpfelhyänen aus dem Jahr 2012 stellen die Biologinnen Sarah Benson-Amram und Kay Holekamp fest, dass Ausdauer und Variabilität des Verhaltens im Allgemeinen mit einer höheren Erfolgsrate zusammenhängen, die beharrlichsten Tiere jedoch *nicht* die erfolgreichsten sind. Die beharrlichsten Hyänen kommen manchmal an einen Punkt, an dem sie dieselbe (erfolglose) Strategie wieder und wieder zeigen anstatt etwas Neues zu versuchen. Benson-Amram und Holekamp schreiben: „Wiederholen Individuen dasselbe Verhalten beharrlich immer wieder, obwohl es weder Reize noch Belohnungen zur Folge hat, sprechen wir von Perseverationsfehlern. Man nimmt an, dass derartig extreme Beharrlichkeit die Problemlöse- und Lernfähigkeit hemmt. Um Probleme verlässlich zu lösen, müssen Individuen Perseverationsfehler vermeiden und nach alternativen Strategien suchen." Sie kommen zu dem Schluss: „Unsere Resultate deuten darauf hin, dass die Vielfalt des anfänglichen Erkundungsverhaltens – ähnlich wie Kreativität beim Menschen – ein wichtiger Faktor im

152 Siehe zum Beispiel Belger und Bräuer, „Metacognition in dogs: Do dogs know they could be wrong?"
153 Lazzaroni et al., „The role of life experience in affecting persistence".

Problemlöseerfolg nicht-menschlicher Tiere ist. Dieser wird jedoch oft übersehen."[154] Wie die Hyänen werden auch posthumane Hunde vor neuen Herausforderungen der Nahrungsbeschaffung stehen. Innovation, Kreativität und Flexibilität – mit einer gesunden Portion (jedoch keiner Überdosis) an Ausdauer – sind entscheidende Erfolgsfaktoren.

Auf Basis der Forschung zum Thema Lebenserfahrung und Ausdauer bzw. Beharrlichkeit vermuten wir, dass Übergangshunde – besonders jene, die viel menschlichen Kontakt hatten – anders an Probleme herangehen als Hunde erster und späterer Generationen. Viele Fragen bleiben jedoch offen. Sind auf hohem Niveau trainierte Familienhunde *besser* darin, Probleme zu lösen, als Hunde ohne „professionelle" (vom Menschen verliehene) Ausbildung? Falls ja, lässt sich dies direkt auf die Überlebenschancen eines Individuums umlegen? Könnte auf hohem Niveau trainierten Hunden andererseits ein *kleineres* Repertoire an möglichen Reaktionen zur Verfügung stehen, sodass sie sich im selben Dilemma wiederfinden wie die beharrlichsten Hyänen? Zweiteres würde in einer Welt ohne Menschen einen Nachteil darstellen. Trainierte Hunde könnten aber auch gelernt haben, ihr Verhalten zu modifizieren, wenn eine Strategie keine Belohnung zur Folge hat, was größere Anpassungsfähigkeit zur Folge hätte! Mehrere Studien stellen fest, dass das Training von Familienhunden deren Problemlöseerfolg im Allgemeinen verbessert.[155]

Eine weitere offene Frage: Ist es vorteilhaft, in einer posthumanen Zukunft besonders klug oder geschickt zu sein? Würde ein Hund wie der berühmte Border Collie Chaser, der über tausend Wörter verstand, bessere Überlebenschancen haben als Chester, der nur ein einziges Wort kennt („Sitz!")? Dies lässt sich schwer sagen, aber die Frage ist hochinteressant: Chaser hatte ein Talent dafür, Wörter zu lernen und Schlüsse zu ziehen. Wäre sein Talent jedoch auf andere Herausforderungen übertragbar? Sein weniger wortbewandter Freund Chester war vielleicht einfach nicht motiviert, jene Probleme zu lösen, vor welche ihn sein Besitzer stellte. Vielleicht fand er es langweilig, Vokabeln zu lernen. Dies schließt nicht aus, dass er Chaser in der Nahrungs- oder Partnersuche überlegen wäre.

Probleme sind oft sozialer Natur: Entweder handelt es sich um die typischen Herausforderungen sozialer Interaktion wie das Lösen von Konflikten oder die friedliche Aufteilung von Ressourcen (wie das Teilen eines Lebensraums), oder es geht darum, zu erkennen, was ein Artgenosse denkt und

154 Benson-Amram und Holekamp, „Innovative problem solving", 4087.
155 Marshall-Pescini et al., „Does training make you smarter?"

fühlt. Hunde sind sozial hochbegabt. Selbst auf Hundewiesen, welche oft ein chaotisches Aufeinandertreffen fremder Tiere in einer aufregenden Umgebung forcieren, gelingt es ihnen, potenzielle Auseinandersetzungen zu erkennen und aufzulösen. Raufereien kommen erstaunlich selten vor.

Hunde arbeiten zusammen, um kohärente Gruppen zu bilden und gemeinsame Ziele zu erreichen. Beobachten Sie, wie sich auf der Hundewiese Gemeinschaften bilden! Oft wirken die Bewegungen koordiniert und aufeinander abgestimmt. Die Choreographie des sozialen Tanzes scheint auf gemeinsamen Absichten und Zielen zu beruhen, welche die Tiere aus dem Stegreif miteinander teilen. Dazu kommt es selbst unter Tieren, die zum ersten Mal aufeinandertreffen.

Wer sein Leben mit mehr als einem Vierbeiner teilt, weiß, dass die Tiere ihre Aktivitäten koordinieren. Und dennoch: Die Wissenschaft des kooperativen bzw. koordinierten sozialen Problemlöseverhaltens steckt noch in den Kinderschuhen. Vieles verstehen wir bis heute nicht.

Studien der Kooperation unter Tieren werden meist unter stark kontrollierten Bedingungen in Gefangenschaft durchgeführt. Oft lautet die Ausgangsfrage: „Zu welcher Art Kooperation können wir Tiere bringen, wenn es um das Erreichen eines gemeinsamen Ziels geht?" Besonders beliebt ist in dieser Hinsicht ein Tauzieh-Versuch: Zwei Tiere müssen zugleich an einem Seil ziehen, um eine mit Futter bestückte Plattform zu erreichen. Der Tauzieh-Versuch wird mit verschiedenen Arten und in unterschiedlichen Variationen wiederholt, um die Kooperationstendenz vergleichbar zu machen. Besonders Hunde und Wölfe sind dabei für die Forscher interessant. Sarah Marshall-Pescini und ihre Kollegen kommen zu dem Schluss, dass Wölfe geschickter miteinander kooperieren als Hunde. Auch kooperieren die beiden Arten untereinander.[156] Friederike Range und ihr Forschungsteam zeigen, dass sowohl Wölfe als auch Hunde menschliche Helfer für Tauzieh-Versuche rekrutieren.[157]

Diese Resultate erlauben uns, die kognitiven Grundlagen des Verhaltens zu verstehen. Der Versuchsaufbau erlaubt, Variablen zu kontrollieren und stichhaltige Antworten auf spezifische Fragen zu finden. Ob und inwiefern die experimentellen Ergebnisse im chaotischen „echten Leben" von Bedeutung sind, ist jedoch unklar. Noch schwerer lässt sich sagen, was wir daraus über posthumane Hunde lernen können. Zeigen die Daten, dass Hunde weniger kooperieren als Wölfe, kaum kohärente Gruppen bilden und auf die

156 Marshall-Pescini et al., „Importance of a species' socioecology".
157 Range et al., „Wolves lead and dogs follow."

Vorteile des Rudellebens verzichten müssen? Oder lässt sich daraus schließen, dass in Gefangenschaft lebende Hunde ganz einfach keine Lebenserfahrungen machen, die Kooperation erfordern?

Eine Reihe von Tauzieh-Versuchen an in Gefangenschaft lebenden Tüpfelhyänen trägt weiter zu unserem Verständnis bei, wie sich soziale und individuelle Faktoren auf komplexes kooperatives Problemlöseverhalten auswirken. Die Ergebnisse könnten durchaus auch auf Freigänger zutreffen.

Tierverhaltensforscherin Christine Drea und ihre Kollegin Allisa Carter stellen fest, dass Hyänen komplexe kooperative Verhaltensweisen zeigen, um ein Ziel zu erreichen. Hyänenpaare stimmen ihr Verhalten während kooperativer Aufgaben aufeinander ab und passen sich ihrem Partner an. Die Tiere, folgern Drea und Carter, „koordinieren ihr Verhalten zeitlich und räumlich, um nach Gruppen-Jagdstrategien modellierte kooperative Aufgaben zu lösen."[158] Weil es sich bei Hyänen wie bei Hunden um soziale Karnivoren handelt, könnten sich in diesen Resultaten Hinweise darauf finden, wie posthumane Vierbeiner in der Nahrungsbeschaffung zusammenarbeiten würden.

Ein weiteres Problem, das sich sozialen Tieren stellt, sind Konflikte untereinander. In Kapitel 5 haben wir uns mit der Rolle von Rangordnung und Zugehörigkeit in Hinsicht auf die Sozialdynamik befasst. Auch Problemlösefähigkeiten sind in der Sozialdynamik einer Gruppe oder eines Paares entscheidend. Die von Marshall-Pescini und ihren Kollegen durchgeführten Tauzieh-Versuche enthalten Hinweise darauf, wie Hunde Sozialkonflikte lösen. Die Wissenschaftler vermuten, dass Wölfe darum geschickter kooperieren als Hunde, weil die Konfliktvermeidung für Hunde von größerer Priorität ist.[159] Eines ist sicher: Wir haben kein vollständiges Bild davon, wie Hunde Auseinandersetzungen mit ihren Artgenossen lösen und zusammenarbeiten, um Herausforderungen zu meistern. Weitere Studien zur Kooperation und Koordination unter Freigängern könnten unsere Spekulationen zum Thema posthumane Hunde detaillierter ausfallen lassen.

158 Drea und Carter, „Cooperative problem solving in a social carnivore".
159 Marshall-Pescini et al., „Importance of a species' socioecology", 11793.

Der Zusammenhang von Kognition und ökologischen Herausforderungen

Richard Byrnes 1995 erschienenes Buch *The Thinking Ape: The Evolutionary Origins of Intelligence* befasst sich mit der Interaktion zwischen Umweltherausforderungen und den kognitiven Fähigkeiten einer Art. Byrne erforscht, inwiefern sich eine Variationen in der Verfügbarkeit von Nahrung auf verschiedene Verhaltensweisen und die Sinneswahrnehmung von Primaten und anderen Tieren auswirkt. In einem seiner bekanntesten Beispiele beschreibt Byrne die Evolution des räumlichen Vorstellungsvermögens Früchte fressender Primaten, die wissen mussten, wann und wo verschiedene Pflanzen blühen.

Byrnes Arbeit zeigt, dass Tiere auf Basis ihrer ökologischen Nische eine Reihe kognitiver Fähigkeiten entwickeln. Verbinden wir Byrnes Ergebnisse damit, was wir in den letzten drei Kapiteln gelernt haben, lässt sich sagen, dass die Nahrungsökologie posthumaner Hunde – wie auch immer diese genau aussieht – nicht nur die Körper- und Schädelform und das Sozialverhalten, sondern auch die Entwicklung von Kognition und Sinnesleistungen beeinflusst. Nachdem sich die heutigen Hunde überall auf der Welt auf menschliche Futterquellen verlassen, wird unser Verschwinden hohe Wellen in ihrer weiteren kognitiven Evolution schlagen.

Die meisten heutigen Hunde besetzen eine ökologische Nische, die Interaktionen und Wechselbeziehungen mit Menschen voraussetzt – ganz gleich, ob es sich um einen typischen Familienhund oder ein am Stadtrand lebendes Tier handelt. Eine der spannendsten Spekulationen zur Zukunft posthumaner Hunde ist, wie die evolutionäre Laufbahn ihrer kognitiven und emotionalen Fähigkeiten auf die plötzliche Abwesenheit ihrer vielleicht wichtigsten ökologischen Variable reagieren wird: auf den Faktor Mensch. Unser Verlust initiiert einen gewaltigen Umbruch im ökologischen Kontext der Hunde. Woran sie denken, worauf sie reagieren und was sie fühlen wird sich radikal ändern. Die Aufgabe, sich an ein menschliches Zuhause oder städtisches Leben anzupassen, wird von den Herausforderungen der Selbstständigkeit abgelöst.

Gruppen posthumaner Hunde werden einzigartige ökologische Nischen bewohnen. Ihre kognitiven Fähigkeiten entwickeln sich je nach den Schwierigkeiten, auf welche sie dort treffen, weiter. Teils sind die neuen Herausforderungen physischer Natur: Hitze, Wetterbedingungen und Naturgewalten,

Höhenlage und Nahrungsquellen. Teils sind sie kognitiv: Hängt das Überleben der Hunde vom Erlegen großer Beutetiere ab, ist die Wahrscheinlichkeit höher, dass sich in der entsprechenden ökologischen Kulisse kooperatives Jagdverhalten und das Zusammenleben in Gruppen entwickeln. Kooperatives Jagdverhalten erfordert ein spezielles Gehirn, und das Leben in Gruppen funktioniert auf Basis bestimmter Grade an sozialer und emotionaler Intelligenz. Hunde, die in bewaldeten Gebieten leben, könnten ein nuancierteres stimmliches Repertoire entwickeln als jene Artgenossen, die ein offenes Wüstenökosystem bewohnen. Umgekehrt könnten zweitere eine größere Bandbreite an visuellen Signalen entwickeln. Die Optionen sind faszinierend!

Emotionale Intelligenz

Bei Emotionen handelt es sich um affektive (auf Stimmung oder Gefühle bezogene) Reaktionen auf Reize, welche physiologische Veränderungen und bestimmte Verhaltensweisen hervorrufen. Emotionen entstanden, weil sie evolutionär vorteilhaft sind: Sie regulieren und lenken tierisches Verhalten. Wir können viel über die emotionale Erfahrung von Hunden lernen, indem wir einen Blick auf uns selbst werfen. Hunde erleben viele derselben Grundemotionen – auch affektive Erfahrungen genannt – wie Menschen: Glücksgefühle, Angst, Wut, Ekel, Freude, Aufregung, Zuneigung, Eifersucht und Verzweiflung. Allerdings gilt, was auch für morphologische und kognitive Merkmale der Fall ist: Gemütszustände variieren von einem Tier zum nächsten, und Individuen nehmen dieselbe Situation mitunter ganz anders wahr. Ebenso unterscheiden sich die Intensität der Gefühle und der Umgang mit diesen. Emotionen entstanden über Millionen von Jahren hinweg. Darum ist unwahrscheinlich, dass sich das grundlegende emotionale Profil der Hunde stark ändert (es sei denn, wir denken in extrem weit gefassten evolutionären Zeitrahmen). Kommt es zu Veränderungen, so werden diese sehr langsam stattfinden.

Emotionale Intelligenz ist die Fähigkeit, die eigenen Gefühle und die Emotionen anderer effektiv zu erkennen und das eigene Verhalten entsprechend zu modifizieren. Dabei unterscheiden wir verschiedene emotionale Register, die jeweils unterschiedlich stark ausgeprägt sind. Manche Hunde können beispielsweise ihr eigenes Verhalten ausgezeichnet regulieren: Sie haben ihre Angst oder Nervosität im Griff und halten sich zurück, wenn sie von einem aggressiven oder unfreundlichen Artgenossen herausgefordert werden. Andere sind besonders gut darin, die Absichten und die Stimmung ihrer Gruppenmitglieder einzuschätzen, was dabei hilft, erfolgreich zu kooperieren und Auseinandersetzungen zu meiden. Wieder andere entschärfen explosive Situationen mit links, was Verletzungen verhindert und den Zusammenhalt der Gruppe wahrt.

Die menschenbezogenen Emotionen der Hunde werden gerne und häufig erforscht. So gibt es Studien zur Empathie, zur Fähigkeit, unsere Stimmung einzuschätzen und darauf zu reagieren, und zur Oxytocin-Rückkopplungsschleife, die entsteht, wenn Menschen und Hunde einander in die Augen schauen. Unsere Vierbeiner stellen sich emotional auf uns ein und hängen an uns. Das Ausmaß, in welchem ihre emotionalen Fähigkeiten vom Menschen abhängen oder ausschließlich von ihm hervorgerufen werden, wird jedoch oft überschätzt. Vielleicht ändern sich die emotionalen Fähigkeiten der Hunde in Abwesenheit des Menschen – aber wie groß unser Einfluss hier tatsächlich ist, lässt sich schwer sagen.

Posthumane Persönlichkeiten

Durchsetzungsfähig, mutig, schüchtern, extrovertiert, introvertiert, risikofreudig, neugierig, selbstbewusst, ängstlich, vorsichtig, impulsiv, ausgeglichen, reaktiv: Die Liste möglicher Persönlichkeitseigenschaften ist lang, und wer sein Leben mit Hunden teilt oder viel Kontakt zu ihnen hat, weiß, dass jeder Hund – genau wie jeder Mensch – über ein einzigartiges Persönlichkeitsprofil verfügt. Liebenswert und lästig – es ist die Mischung, die sie zu dem macht, wer sie sind.[160]

Die Persönlichkeit ist das Resultat komplexer Interaktionen von Genetik und Lebenserfahrung. Sie beeinflusst, wie sich Tiere in ihrer Umgebung zurechtfinden: Individuelle Unterschiede wirken sich stark auf alltägliche und zugleich überlebenswichtige Aktivitäten aus. So beeinflusst die Persönlichkeit etwa, wie ein Individuum Entscheidungen trifft, auf Neues reagiert und mit mehrdeutigen Signalen umgeht. Sie wirkt auch direkt auf andere

160 Ethologen und vergleichende Psychologen gehen jeweils ganz anders an die Persönlichkeitsforschung im Tierreich heran. Sie gehen von unterschiedlichen Annahmen aus und setzen andere Modelle ein. Diesen Unterschieden zum Trotz sind beide Forschungsfelder davon überzeugt, dass Tiere Persönlichkeiten haben. Siehe Weiss, „Personality Traits: A View from the Animal Kingdom" und Jones und Gosling, „Temperament and personality in dogs (*Canis familiaris*): A review and evaluation of past research".

Aspekte von Kognition und Emotion – zum Beispiel auf den Problemlöseansatz eines Individuums.

Auf Basis der bestehenden Persönlichkeitsforschung können wir allgemeine Fragen zu posthumanen Hunden formulieren: Werden mutige Tiere einen Vorteil gegenüber ihren vorsichtigen Artgenossen haben, weil sie eher bereit sind, Risiken einzugehen und sich auf Neues einzulassen? Nicht unbedingt. Während es keine derartige Studie an Hunden gibt, zeigen Samantha Bremner-Harrison, Paulo Prodohl und Robert Elwood Interessantes im Zuge eines Wiederansiedlungsprojekts von mit Sendern ausgestatteten Swiftfüchsen. Die Tiere, die innerhalb von sechs Monaten starben, waren genau jene, welche die Forscher als „mutig" eingestuft hatten.[161] Ähnlich stellen Francesca Santicchia und ihre Kollegen in einer Studie aus dem Jahr 2019 fest, dass mutige Grauhörnchen mit größerer Wahrscheinlichkeit von Endoparasiten befallen werden als ihre weniger risikofreudigen Artgenossen.[162]

Werden ungeduldige und leicht frustrierte Hunde einen Nachteil haben? Auch hier lautet die Antwort: Nicht unbedingt. Manche Hunde geben schnell auf, wenn ein Problem schwierig zu lösen ist. Denken wir an unsere Diskussion zum Thema Ausdauer und Beharrlichkeit zurück, lässt sich jedoch vermuten, dass es sich bei Frustration und der Tendenz zum Aufgeben nicht unbedingt um negative Eigenschaften handelt.

Die Evolution begünstigt ein Potpourri an Persönlichkeitsmerkmalen, und die individuelle Variation der Persönlichkeit innerhalb einer Hundepopulation trägt mit großer Sicherheit zur Beständigkeit von Gruppen und zum Überleben der Art bei. Ein Rudel, in dem entweder alle Mitglieder schüchtern oder mutig sind, hätte es nicht leicht – und dasselbe gilt für Gruppen, die ausschließlich aus risikofreudigen oder vorsichtigen Tieren bestehen.

Wie finden sich posthumane Hunde in der Welt zurecht?

Individuelle Bewältigungsstrategien und der Umgang mit Stress haben mit der Persönlichkeit zu tun und werden von einer komplexen Kombination von Genetik und Umweltfaktoren, individuellen Persönlichkeitsmerkmalen und Lebenserfahrung beeinflusst. Das Leben posthumaner Hunde ist sicherlich nicht stressfrei. Übergangshunde haben mit dem Suchen von Nahrung und

161 Bremner-Harrison, Prodohl und Elwood, „Behavioural trait assessment as a release criterion".

162 Santicchia et al., „The price of being bold?"

geschützten Rastplätzen sowie der Interaktion mit Artgenossen und anderen Tieren alle Pfoten voll zu tun. Die Herausforderungen sind großteils neu und können durchaus furchteinflößend sein. Nicht alle werden überleben, und es ist schwierig, die Oberhand über Artgenossen zu gewinnen. Auch für die Welpen der Übergangshunde, die in einem neuen posthumanen Ökosystem zur Welt kommen, wartet das Leben weder mit gemütlichen Körbchen und Betten noch randvollen Futterschüsseln, Streicheleinheiten und menschlichem Schutz auf. In uns Menschen bringen schwierige Zeiten sowohl das Beste als auch das Schlimmste zum Vorschein. Manche sind belastbar, behalten einen kühlen Kopf und eine gute Portion Optimismus: Das Glas ist halb voll! Andere brechen unter Druck zusammen, schalten emotional ab, wenn sie mit Stress oder Schmerzen konfrontiert werden, und attackieren gerade jene, die mit sozialer Unterstützung helfen könnten. Dasselbe gilt für Hunde in stressigen oder schmerzhaften Situationen. Der individuelle Umgang mit Unbehagen beeinflusst Erfolgs- und Überlebenschancen.

In den 1950ern entwickelte der Endokrinologie Hans Seyle die Lehre vom allgemeinen Adaptationssyndrom (Selye-Syndrom). Selye unterscheidet drei Phasen – die Alarmreaktion, das Widerstandsstadium und das Erschöpfungsstadium –, mittels welcher Organismen auf Belastungen („Stress") reagieren.[163] Seyle beschreibt verschiedene Formen von Stress, angefangen von Hunger über die Gegenwart eines Raubtiers bis hin zu Krankheiten und Verletzungen oder die Erschöpfung, die auf ein Laufen in Höchstgeschwindigkeit folgt. Wir sehen Stress in der Regel als negativ („Distress") – er kann jedoch auch nützlich sein. „Eustress" oder positiver Stress motiviert ein Tier, zu agieren, und kann unter anderem Innovation inspirieren und die Widerstandskraft stärken.

Heutige Hunde sind einer Reihe von Stressoren ausgesetzt. Ihr Umgang mit diesen erlaubt uns, Vorhersagen zu posthumanen Tieren zu treffen. Freigänger und verwilderte Hunde treffen auf ähnliche Stressoren wie ihre wilden Verwandten: Unbehagen aufgrund von Hitze und Kälte sowie Konkurrenz um Nahrung und Lebensraum. Vielleicht haben diese Streuner und „Straßenhunde" bereits emotionale Strategien entwickelt, welche ihnen während des Übergangs einen Vorteil gegenüber verwöhnten Familienhunden bieten. Andererseits ist auch das Leben eines Familienhundes belastender, als den meisten Hundehaltern bewusst ist. Lange Perioden sozialer Isolation – etwa wenn der menschliche Gefährte auf der Arbeit ist – sind mit großem Stress verbunden. Dasselbe gilt für strafbasiertes Training. Es ist also

163 Seyle, *The Stress of Life.*

durchaus möglich, dass auch Familienhunde über Widerstandsfähigkeit und Bewältigungsstrategien verfügen, die großteils unbemerkt bleiben und bisher nicht getestet wurden.

Bewältigungsstrategien sind konstante individuelle physiologische und Verhaltensvariationen im Umgang mit Stress. Der Verhaltensphysiologe Jaap Koolhaas und seine Kollegen unterscheiden zwischen proaktiven und reaktiven Strategien. Vindas und seine Kollegen schreiben in ihrer Rezension zu Koolhaas' Forschung: „Proaktive Tiere zeigen mutiges, aggressives und dominantes Verhalten. Sie sind weniger flexibel, was Änderungen ihrer Routine betrifft. Physiologisch gesehen zeichnen sie sich durch eine geringere Reaktivität der Hypothalamus-Hypophysen-Nebennierenrinden-Achse (HPA-Achse). aus. D. h., dass weniger stressbedingtes Cortisol ausgeschüttet wird und geringere Serotonin- und größere Dopamin-Aktivität im Gehirn stattfindet. Reaktive Individuen zeigen das gegenteilige Verhaltens- und physiologische Profil."[164]

Es ist nicht so, dass proaktive Bewältigungsstrategien gut und reaktive schlecht wären. Beide können sich für ein Individuum als günstig erweisen, und eine Variation an Bewältigungsstrategien innerhalb einer Gruppe ist ein Vorteil.

Die Forschung an Bewältigungsstrategien und -typen in Hunden steckt noch in den Kinderschuhen. Bisher hat sie sich darauf konzentriert, welche Hunde sich am schwersten damit tun, sich an ein Tierheim- oder Zwingerleben zu gewöhnen[165] und inwiefern Bewältigungsstrategien das Verhalten ausgebildeter Polizeihunde in Stresssituationen beeinflussen[166]. Mit Sicherheit lässt sich zum Thema Bewältigungsstrategien posthumaner Hunde nur eines sagen: Sie werden sich auf die Überlebenschancen auswirken.

Spielverhalten

Spielen ist einer der wichtigsten Bausteine für die Entwicklung kognitiver und emotionaler Fähigkeiten. Unter anderem fördert es Empathie, Kooperation, Vertrauen, einen Sinn für Gerechtigkeit, die Entwicklung der Theory of Mind und das Lesen und Einschätzen von Intentionen und Emotionen anderer. Stellen wir uns die Rolle des Spielverhaltens unter posthumanen Hunden

164 Vindas et al., „How do individuals cope with stress?" 1524. Siehe auch Koolhaas et al., „Coping styles in animals: current status in behavior and stress-physiology".
165 Zum Beispiel Hiby, Rooney und Bradshaw, „Behavioural and physiological responses of dogs".
166 Horváth et al., „Three different coping styles in police dogs".

vor, so stellt sich die Frage, wie die Domestizierung dieses geformt hat und ob sich Spielmuster unter der natürlichen Selektion einer menschenfreien Welt ändern.

Hunde spielen aus verschiedenen Gründen und nicht zuletzt darum, weil sie Spaß daran haben. Zu den evolutionär vorteilhaften Funktionen des Spiels gehören die Sozialisierung und die Entwicklung von Sozialbeziehungen, körperlicher und kognitiver Fitness. Auch beinhaltet Spielen, was Marc und seine Kollegen als „Training für unerwartete Situationen" bezeichnen: Verhaltensflexibilität und Reaktionsgeschwindigkeit werden geübt und gefördert, was den Umgang mit unvorhersehbaren und in Veränderung begriffenen Verhältnisse erleichtert.[167] Spiel kann auch für das Etablieren langfristiger Sozialbeziehungen wichtig sein. Dabei ist es nicht notwendigerweise sozial: Hunde spielen auch alleine – mit Objekten wie Stöcken oder Tannenzapfen oder mit der eigenen Rute, welche sich nicht fangen lassen will.

Eine weitere Funktion des Spiels ist der Aufbau von Vertrauen. Daten zum Spielverhalten unter Kojotenwelpen lassen vermuten, dass Individuen, die unfair spielen, indem sie „die Regeln brechen" und zu fest zubeißen, kaum Spielgefährten finden. Weil es ihnen infolgedessen auch schwerfällt, starke soziale Bindungen einzugehen, verlassen sie früher oder später die Gruppe. Ihre Sterblichkeitsrate ist höher als die ihrer Geschwister, welche Teil der Gemeinschaft bleiben. Der Preis für unfaires Spielen unter Kojoten ist hoch – und das wird auch für posthumane Hunde der Fall sein.

Eine der größten Veränderungen für Übergangshunde wird der Verlust ihres wichtigsten Spielgefährten darstellen. Viele Familienhunde spielen mit ihren menschlichen Partnern. Das gemeinsame Spiel fördert die Beziehung und hilft, zwischenartliche Bindungen einzugehen und aufrechtzuerhalten. Das hundliche Spielverhalten könnte sich im Laufe der Evolution verändert und dahingehend entwickelt haben, die Aufmerksamkeit der Menschen zu erlangen. Vielleicht stellte es ein Schlüsselelement im Aufbau der Mensch-Hund-Beziehung dar. Gibt es keine Menschen mehr, haben Hunde mehr Gelegenheit, mit ihresgleichen zu spielen – unter Umständen auch mit Kanidencousins wie Wölfen, Kojoten und Füchsen.[168] Hunde und andere Kaniden sprechen dieselbe „Spielsprache": Die Grundmuster ähneln einander stark. Alle Kaniden setzen klare Signale ein, um andere wissen zu lassen, dass sie ein Spiel beginnen oder fortsetzen wollen. Unter Umständen finden

167 Špinka, Newberry und Bekoff, „Mammalian play".
168 Brand, *Hidden World of the Fox.*

Hunde auch überraschende Spielgefährten in anderen Arten – zum Beispiel in Pferden.[169]

Haushunde sind insofern einzigartig, als dass sie mehr als ihre wilden Verwandten miteinander herumtollen und selbst als Erwachsene noch Interesse daran zeigen. Dies lässt sich durch den Selektionsdruck der Domestizierung erklären. Es gibt zwar nur wenige Studien zum Spielverhalten von Freigängern, jedoch scheint es, als würden die meisten (wenn nicht sogar alle) Hunde spielen; besonders, wenn sie jung sind. Selbstständige Tiere wirken jedoch weniger verspielt als Familienhunde. Eine Erklärung ist, dass Freigänger und verwilderte Hunde mehr Zeit und Energie für ihre Grundbedürfnisse aufwenden: Territorien verteidigen, fressen und nicht gefressen werden, Konflikte vermeiden und lösen sowie Partner finden. Wahrscheinlich spielen Familienhunde unter anderem darum mehr, weil sie mehr Freizeit haben. Daraus würde folgen, dass selbstständige Hunde umso mehr und umso öfter miteinander herumtollen, je leichter es wäre, Nahrung zu finden und Gefahren zu meiden.

Ein Faktor, der bestimmt, wie viel Welpen spielen, ist der „Erziehungsstil" der Mutter: Wie viel Spiel wird von dieser erlaubt bzw. gefördert? Studien an Amboseli-Pavianen zeigen, dass manche Mütter die Menge oder Ausgelassenheit des Spiels von jungen Tieren einschränken, wenn sie in schwierigen Zeiten aufwachsen – vermutlich um Energie zu sparen.[170] Nachdem spielen für die Entwicklung und Sozialisierung von Welpen unerlässlich ist, können wir davon ausgehen, dass das Verhalten in einer posthumanen Zukunft fortbesteht – allerdings unter Umständen etwas weniger häufig als heute.

Wie viel und mit wem posthumane Hunde herumtollen ist eine offene Frage – aber eines ist sicher: Spielverhalten ist lebenswichtig.

In den letzten vier Kapiteln haben wir uns mit den unzähligen Richtungen beschäftigt, in welche sich posthumane Hunde entwickeln könnten – von ihrer Morphologie und Schädelform zu Speiseplan und Nahrungsquellen, Sex und Fortpflanzung, von der Struktur von Sozialgruppen bis hin zum kognitiven und emotionalen Leben der Hunde. All diese Faktoren sind Teil eines komplexen Mosaiks.

Wir haben versucht, nach bestem Wissen und Gewissen zwei Fragen zu beantworten. Erstens: Was passiert direkt nach unserem Verschwinden? Wird Hunde der Übergang zu einem menschenfreien Leben gelingen? Und

169 Maglieri et al., „Levelling playing field".

170 Altmann, *Baboon Mothers and Infants*. Altmann unterscheidet zwischen Laissez-faire-Müttern und Müttern, die ihren Nachwuchs stark einschränken.

zweitens: Wie verändern sie sich im Laufe der Zeit, wenn wir ihre Evolution nicht beeinflussen? Wie sehen sie aus und wie verhalten sie sich nach Jahrzehnten, Jahrhunderten oder Jahrtausenden natürlicher Selektion?

Unter den wichtigsten Punkten der evolutionären Laufbahn posthumaner Hunde finden sich:

- Körperbau und Schädelform verändern sich. Maladaptive Merkmale (z. B. Brachyzephalie) verschwinden schnell. Posthumane Hunde späterer Generationen sind Mischlinge, die heutigen verwilderten Hunden gleichen: mittelgroß und einfarbig rot oder braun; Stehohren; längliche Schnauzen; mittellanges Fell (je nach Habitat ist dieser Pelzmantel dünner oder dicker).

- Die größte Herausforderung für posthumane Hunde stellt die Nahrungssuche dar. Das Nahrungsangebot verändert sich abrupt, wenn anthropogene Futterquellen versiegen. Nur manche Hunde überstehen den Übergang. Verhaltensflexibilität, Anpassungsfähigkeit und Opportunismus begünstigen ein Überleben und helfen dabei, sich auf neue Herausforderungen einzustellen. Hunde fressen, was auch immer sie zwischen die Zähne bekommen. Im Laufe der Zeit entstehen je nach ökologischer Nische, lokalen Futterbedingungen und Konkurrenz mit anderen Tieren verschiedene Nahrungsstrategien.

- Die Reproduktionsstrategien der Hunde verändern sich weniger stark als ihre Nahrungsökologie. Es kann jedoch durchaus zu gewissen Neuerungen kommen: Denkbar sind eine Entwicklung zurück zu einem einzigen jährlichen Fortpflanzungszyklus, längeres und stärker ritualisiertes Flirtverhalten sowie größere Beteiligung von Vätern und Müttern an der Welpenaufzucht.

- Wer überleben will, muss seine kommunikativen Fähigkeiten auf Vordermann bringen: Die eigenen Absichten deutlich machen und Konflikte lösen zu können ist unerlässlich. Was die soziale Organisation betrifft, sind verschiedene Modelle denkbar: Paarbindung, Kleingruppen und Rudel. Was Welpen in ihrer sensiblen Sozialisierungsphase lernen, kann über Leben und Tod entscheiden.

- Verhaltensflexibilität spielt in der posthumanen Welt eine Schlüsselrolle. Hunde, die besonders gut und schnell mit verschiedenen neuen Herausforderungen zurechtkommen und Probleme lösen, haben die größten Überlebenschancen. Dabei sehen sie sich mit gänzlich neuen Situationen konfrontiert: Sie müssen nicht nur herausfinden, wie sie am besten zu ihren Mahlzeiten kommen, sondern auch lernen, das komplexe Terrain innerartlicher Beziehungen ohne menschliche Hilfe zu meistern.

Bisher haben wir beschrieben, wie es den Hunden in einer posthumanen Zukunft ergehen könnte, uns mit plausiblen adaptiven Merkmalen befasst und überlegt, zu welchen phänotypischen Veränderungen es auf Ebene der Art und des Individuums käme. Zudem haben wir evolutionäre Fragen gestellt: Welche individuellen Veränderungen und Änderungen auf Ebene der Art sind nützlich oder von Nachteil, wenn es um Überleben und Fortpflanzung geht?

Die letzten drei Kapitel führen uns zurück in die Gegenwart: Welche ethischen Fragen wirft unser Gedankenexperiment auf? Sollten wir beginnen, unsere Vierbeiner auf eine Zukunft ohne uns vorzubereiten? Würde die Lebensqualität der Hunde steigen oder fallen, wenn wir nicht mehr zugegen wären? Und nicht zuletzt: Was können wir aus unserem Ausflug in die spekulative Biologie in Hinblick auf die ethischen Dimensionen einer Welt lernen, die Menschen und Hunde miteinander teilen – angenommen, dass wir nicht so schnell verschwinden? Welche Elemente einer posthumanen Zukunft erlauben uns, unseren Partnern bereits heute, hier und jetzt das bestmögliche Leben zu bieten?

7. Vorbereitungen auf den Weltuntergang

Ein balinesischer Freigänger bedient sich an einer Futterstelle auf einem Parkplatz.

Die Fernsehserie *Doomsday Preppers* des National-Geographic-Kanals macht uns mit den Gedanken und Leben verschiedenster Menschen rund um die Welt vertraut, die davon ausgehen, dass wir kurz vor einer sozialen oder ökologischen Katastrophe stehen.[171] Sie bereiten sich und ihre Familien auf eine düstere Zukunft vor. Manche legen unterirdische Bunker an, andere ziehen sich an die abgelegensten Orte der Erde zurück und wieder andere bauen mitten in der Stadt hochmoderne solarbetriebene Baumhäuser. Die gepackten Koffer der Preppers stehen jederzeit bereit. Sie haben ihre Messer geschärft und Munition für ihre Waffen auf Vorrat, Essen eingelagert und Wasserfilter sowie Jodtabletten gekauft. Sie halten Körper, Sinne und Verstand fit und trainieren Kraft und Ausdauer.

Stellen wir uns das Unvorstellbare vor: Wir Menschen stehen kurz vor dem Aussterben und müssen beginnen, unsere Hunde aktiv auf eine posthumane Welt vorzubereiten. Wie können wir die Chancen der Übergangshunde erhöhen, selbstständig zu überleben? Können wir ihnen helfen, Neues zu lernen – zum Beispiel Partner und Nahrung zu finden, Beutetiere zu jagen, Allianzen eingehen und alleine zu sein? Wir wollen unser Gedankenexperiment fortsetzen – diesmal jedoch in Hinblick auf die Gegenwart. Dabei geht es nicht darum, ein ganz bestimmtes Weltuntergangsszenario durchzuspielen. Wir wollen einfach einige der vorstellbaren praktischen Konsequenzen der letzten vier Kapitel unter die Lupe nehmen.

Das Einmaleins des Überlebens

Was würde unser Prepping implizieren, wenn wir unsere Hunde zu Überlebenskünstlern ausbilden wollten? (Achtung: Die Frage lautet nicht, was wir *für* unsere Hunde planen sollten – zum Beispiel große Mengen an Hundefutter einlagern. Die Frage, die uns beschäftigt, ist, wie wir *unsere Hunde selbst* auf ein von uns unabhängiges Leben vorbereiten können.)

Verwilderte Hunde leben bereits heute selbstständig und eignen sich viele der Fähigkeiten an, welche in einer posthumanen Welt wichtig sind. Dasselbe gilt für viele Freigänger. Wie bereits erwähnt wird die größte Veränderung für diese Hunde das Verschwinden anthropogener Futterressourcen sein. Es ist schwierig, Hunde von Abfall, Essensresten und Mülltonnen fernzuhalten – aber wir könnten es versuchen. Herzensgute Menschen, die

171 *Doomsday Preppers*, National Geographic, https://www.nationalgeographic.com.au/tv/doomsday-preppers/.

regelmäßig Streuner füttern, könnten dies nach und nach einstellen. Andererseits könnten die Tierschutzfolgen für derartige Hunde bedeutend sein, da viele von ihnen auf die Futteralmosen angewiesen sind.

Wie sieht es mit Familienhunden aus? Was könnten bzw. sollten wir tun, um sie auf unsere Abwesenheit vorzubereiten? Die folgende Liste beinhaltet einige Punkte, in welchen hundezentrisches Prepping sinnvoll sein könnte.

Praktische Fähigkeiten: Wir könnten unseren Hunden erlauben, bereits jetzt Verhaltensweisen zu üben, die dem Überleben dienlich sind: auf Spaziergängen nach Futter suchen (Gänsekot, ein halber Hamburger oder das Tofu-Hotdog, das aus der Mülltonne gefallen ist). Wir könnten sie Löcher im Garten graben und Essen von der Anrichte oder direkt aus unseren Händen klauen lassen. Kurz gesagt: Wir würden ihre Freiheit maximieren, arttypische Verhalten an den Tag zu legen.

Körperliche Fitness: Wir können sicherstellen, dass Hunde jede Menge Bewegung haben. Ausdauer lässt sich aufbauen, indem wir unsere Spaziergänge nach und nach weiter ausdehnen und schließlich gemeinsam laufen gehen. Anaerobes Durchhaltevermögen können wir fördern, indem wir Hunde bis zur Erschöpfung Bälle apportieren lassen. Auch indem wir sie schlank halten bzw. auf Diät setzen, falls sie übergewichtig sind, verbessern wir ihre Kondition. Zudem kann es nicht schaden, Zähne und Fell in ausgezeichnetem Zustand zu halten.

Mentale Fitness: Gestalten wir Alltag und Umgebung stabil und berechenbar, so fördern wir Unabhängigkeit, Selbstständigkeit und Selbstbewusstsein. Eine Hundetür in den Garten und kommunikative Werkzeuge, mit deren Hilfe unser Gefährte uns seine Bedürfnisse mitteilen kann (nach draußen gehen; spielen; fressen), steigern Entscheidungsfreiheit und Selbstwirksamkeit. Stellen wir ihn vor Aufgaben, die lösbar, aber nicht einfach sind und die richtige Menge Frustration beinhalten, machen wir uns Eustress zunutze. Auch herausfordernde und zugleich bereichernde Situationen, in denen wir selbst uns zurückhalten, statt Helikoptereltern zu spielen, dienen der mentalen Fitness. Gelegenheiten, sich ans Alleinsein zu gewöhnen, könnten für eine posthumane Zukunft ebenfalls vorteilhaft sein.

Soziale Kompetenz: Angemessene Sozialisierungserfahrungen machen Welpen zu selbstbewussten und sozial kompetenten Erwachsenen. Ebenso ermutigen sie Hunde, verschiedene Beziehungen mit Menschen und Artgenossen einzugehen. Indem wir uns nicht in die Kommunikation von Hunden untereinander einmischen, um die (seltene und unwahrscheinliche) Rauferei zu verhindern, fördern wir das Konfliktlösevermögen. Ermöglichen wir gute Beziehungen zwischen Hunden und erlauben unseren Gefährten, miteinander zu spielen, verbessern wir deren innerartliches Kommunikationsvermögen.

Training und das Erlernen neuer Kompetenzen: Anstatt uns im Training auf Tricks zu konzentrieren, die in erster Linie dem Menschen Freude bereiten – zum Beispiel ein Leckerchen auf der Nase zu balancieren oder sich auf unser Signal hin im Kreis zu drehen –, könnten wir jene Kompetenzen fördern, die für das Überleben in einer posthumanen Welt relevant sind: etwa Fokus und Impulskontrolle. Dazu gehört auch, natürliches Hundeverhalten wie das Markieren auf Spaziergängen, das Schnüffeln an Hintern und im Schritt von Menschen und Artgenossen, das Graben und Streunen zu erlauben.

Sport und Spaß: Nasenarbeit, Agility, Flyball, Hundefrisbee und andere Hundesportarten tragen sowohl zu körperlicher Fitness wie auch zur Scharfsinnigkeit bei. Zughundesport wie das Ziehen von Schlitten oder Skijöring (einen Menschen auf Skis ziehen) lässt sich zwar nicht direkt auf die Überlebenschancen umlegen, baut jedoch körperliche Kraft und Ausdauer auf und wäre damit ebenfalls nützliches Prepping. Zudem sollten wir Hunden jede Menge Gelegenheit zum Spielen bieten – vor allem mit ihresgleichen. Sie spielen sowohl im aeroben wie auch im anaeroben Bereich, bauen dabei Sozialkompetenz und Kommunikationsfähigkeiten aus und üben den Umgang mit unerwarteten Situationen.

Superhunde

Nehmen wir an, wir könnten Hunde am besten für das Überleben in einer posthumanen Welt vorbereiten, indem wir die kontrollierte Zucht förderten. Wir würden ausschließlich auf jene Merkmale hinzüchten, welche auf Basis der besten wissenschaftlichen Studien einen Vorteil vermuten lassen. Das Ziel wäre ein Superhund, der dafür geschaffen ist, ohne menschliche Hilfe zu überleben (siehe Box S.143). Um unserem Ziel näherzukommen, würden wir uns stark in die reproduktiven Bemühungen unserer Hunde einmischen.

Unser Eugenik-Projekt wäre gar nicht so einfach umzusetzen: Es involviert Vermutungen und Vorhersagen, weil der adaptive bzw. maladaptive Wert eines Merkmals stark vom Kontext abhängt. Nehmen wir an, wir wären der Meinung, dass dies die beste Vorgehensweise sei, um die Vierbeiner auf den Weltuntergang vorzubereiten. Wir könnten damit beginnen, ein Spektrum an Phänotypen zu identifizieren – einerseits die, die mit großer Sicherheit maladaptiv und andererseits die, die höchstwahrscheinlich nützlich wären. Auf dieser Basis beginnen wir ein Superhunde-Zuchtprojekt (siehe Grafik S.144). Wollten wir die Fortpflanzung strengstmöglich kontrollieren, würden wir zudem viele Hunde mittels chirurgischer Eingriffe oder Hormongaben unfruchtbar machen und die Fortpflanzung ausschließlich unter unserer direkten Kontrolle erlauben.

Superhunde-Prototyp

Stellen Sie sich eine fantastische neue Technologie vor, mit deren Hilfe wir eine 3D-Version (oder 3D-Versionen) unseres Prototypen drucken können. Um beim Design zu helfen, ist unser Computer mit einem posthumanen Hundeleben-Simulationsspiel ausgestattet. Dieses erlaubt uns die Eingabe verschiedener Variablen: Verhaltenseigenschaften und morphologische Merkmalen einerseits und Besonderheiten verschiedener Ökosysteme andererseits (Klima, Pflanzen- und Tiergesellschaften und Höhenlage). Wir simulieren beschleunigte evolutionäre Laufbahnen und sehen, welche Kombination von Variablen die größten Überlebenschancen ergibt. Machen gewisse Inputs (z. B. Brachycephalie, d. h. Kurzköpfigkeit) ein Überleben unmöglich? Führen andere (z. B. Verhaltensflexibilität und Nahrungsgeneralismus) konsequent zum Erfolg?

Unsere Freundin Poppy sieht dem Superhunde-Prototyp sehr ähnlich.

Phase 1: Menschliche Selektion auf größtmögliche Überlebenschancen

Weniger adaptive Eigenschaften (Nach Möglichkeit davon wegzüchten)	……..	Grauzone	……..	Besonders adaptive Eigenschaften (Nach Möglichkeit darauf hinzüchten)

Phase 2: Menschliche Selektion wird von natürlicher Selektion abgelöst (stabilisierende Selektion)

Weniger adaptive Eigenschaften	……	Grauzone	……	Besonders adaptive Eigenschaften	……	Grauzone	……	Weniger adaptive Eigenschaften

Wie sieht das phänotypische Profil unseres Superhundes aus? Auf Basis dessen, was wir in den Kapiteln 3 bis 6 besprochen haben, lassen sich einige Vermutungen anstellen. Wir wollen wendige Hunde, die schnell laufen, gut springen und strategisch jagen. Wir sollten auf physische und psychische Belastbarkeit, Intelligenz und generelle Widerstandskraft hinzüchten. Andererseits wollen wir keine extrem großen oder kleinen Hunde züchten. Ein Gewicht zwischen 15 und 30 kg stellt ein gutes Zuchtziel dar. Der Superhund sollte grau oder rötlich wie die heutigen Dingos sein: gute Tarnfarben in vielen Umgebungen. Möglicherweise müssten wir auf morphologische und Verhaltensmerkmale hin selektieren, die sich stark davon unterscheiden, was sich Hundeliebhaber und imagebewusste Besitzer vorstellen. Vielleicht ist der Superhund zugleich ein „hässlicher" und ungeeigneter Familienhund.

Unser Superhunde-Zuchtansatz geht mit einigen Problemen einher. Einerseits ist es schwierig, zu wissen, wie die zukünftige Welt der Hunde tatsächlich aussieht und welche Merkmale infolgedessen besonders adaptiv wären. Zudem werden sich unterschiedliche Strategien als evolutionär vorteilhaft herausstellen, wenn sich Hunde in verschiedensten ökologischen Nischen ansiedeln. Die morphologischen Eigenschaften, die Hunden in heißen, trockenen Regionen mit spärlicher Vegetation und kleinen Beutetieren helfen, decken sich nicht damit, was in Gebirgsökosystemen oder im Regenwald nützlich ist. Auch ist Variation *innerhalb* einer Population selbst adaptiv. Auf ein bestimmtes Merkmal bzw. ein Bündel an Merkmalen hinzuzüchten, von dem wir davon ausgehen, dass *individuelle* Hunde davon profitieren, könnte sich als maladaptiv für die *Art* der Hunde herausstellen.

Ebenso variabel ist der adaptive Wert kognitiver Merkmale. Hunde, die sich ein dicht besiedeltes Gebiet mit Artgenossen teilen, sind stärker auf nuanciertes Kommunikationsgeschick und soziale Intelligenz angewiesen als Tiere, die wenige Gelegenheiten zur Interaktion haben. Diese könnten dieselben Fähigkeiten jedoch in Begegnungen mit anderen Tieren einsetzen.

Ein weiteres Problem stellt die immense Komplexität der Evolution dar. Die Vorstellung, dass wir ein bestimmtes Menü adaptiver Merkmale auswählen und diese dann von der Genfee geliefert bekommen, ist völlig unrealistisch. Wie bereits in Kapitel 2 besprochen, gehen oft unerwartete Hitchhiker-Merkmale mit jenen Eigenschaften einher, auf die wir hinzüchten. Im ursprünglichen Domestizierungsprozess der Hunde legten wir in erster Linie auf Zahmheit und vielleicht auf Geselligkeit und Trainierbarkeit Wert. Mit der Zahmheit gingen jedoch andere Eigenschaften einher: große runde Augen, Schlappohren und ein geflecktes Fell. Selbst wenn wir auf eine bunte Mischung an Superhund-Eigenschaften hin selektieren, können unerwartete und unvorhersehbare genetische Veränderungen folgen und zu einem überraschenden Ergebnis führen!

Schadsoftware entfernen

Ein alternativer Ansatz wäre, anstatt einen Superhund zu kreieren ganz einfach zu versuchen, die „Schadsoftware" aus dem Genpool der Hunde zu entfernen. Es könnte sogar einfacher sein, festzustellen, welche Merkmale evolutionär nachteilig sind: Gewisse maladaptive Eigenschaften werden unter keinen Umständen von Nutzen sein, und wir kennen diese bereits heute.

Bestimmte Rassen würden auf der „schwarzen Liste" landen, weil ihre körperlichen Missbildungen ein Überleben extrem schwierig oder unmöglich machen. Für manche Kandidaten stellt sich die Frage nicht einmal: Es gibt kein posthumanes Klima oder Habitat, in dem Bulldoggen überleben. Die Köpfe der Welpen sind unverhältnismäßig groß und passen nicht durch den Geburtskanal. Hinzu kommen Atemprobleme und die Anfälligkeit für Atemwegssyndrome.

Brachycephale Rassen werden im Allgemeinen einen großen Nachteil haben, vor allem extrem kurznasige Tiere wie viele Möpse und Boxer.

Abgesehen von derartigen Extremen ist denkbar, dass Hunde mit unterdurchschnittlich kurzen ebenso wie Hunde mit überdurchschnittlich langen Nasen keine Probleme haben. Andere Schadsoftware, die wir Menschen bewusst in Hundepopulationen eingeführt haben, sind der abfallende Rücken und die stark gewinkelte Hinterhand (Deutscher Schäferhund) sowie überlanges Fell und kurze, krumme Beine.

Ebenso wollen wir gesundheitliche Probleme – eine indirekte Folge jahrelanger Auslese ästhetischer Merkmale, während derer die Gesundheit vernachlässigt wurde – reduzieren. Die beste Möglichkeit, mit diesen Problemen umzugehen, ist größere Diversität im Genpool. Dies ließe sich erreichen, indem wir „Rassestandards" weniger strikt definierten oder überhaupt abschafften. Setzen wir uns mit der Inzuchtproblematik auseinander, lassen sich die gesundheitlichen Probleme bestimmter Rassen reduzieren: Hüftdysplasie beim Deutschen Schäferhund, Magendrehungen beim Deutschen Doggen, Hautkrankheiten beim Shar-Pei und Krebs beim Golden Retriever. Reduzieren wir die Inzucht und entfernen uns von der „Rasse"zucht im Allgemeinen, fällt vielleicht auch die Zahl psychischer Störungen. So scheinen psychische Erkrankungen überdurchschnittlich häufig bei Labradoodles aufzutreten. (Wally Conron, der den Labradoodle ursprünglich entwickelte, sagt, dass die meisten „entweder verrückt sind oder an einer Erbkrankheit leiden". Er bereut es, die Rasse gezüchtet zu haben.[172])

Ein weiterer Schritt, der sowohl heutigen als auch Übergangshunden nützlich wäre, ist, chirurgische Verstümmelungen außen vor zu lassen – besonders das Kürzen von Ruten und Entfernen von Ohrknorpel. Derartig veränderte Übergangshunde sind benachteiligt, weil sie weniger geschickt kommunizieren – vor allem mit ihren Artgenossen. Die Position der Rute ist etwa ein Stimmungsbarometer und kann Aggression, Unterwürfigkeit, Angst, eine Spielaufforderung und andere emotionale Zustände signalisieren. Auch die Ohren sind ein wichtiges Kommunikationsinstrument. Variationen der Ohrenposition drücken Absichten und Gefühle aus. Hunden mit kupierten Ohren fehlt ein Teil der Ohrmuskulatur, was es ihnen erschweren könnte, ihren Artgenossen effektiv mitzuteilen, wie sie sich fühlen. Auch aus verschiedenen Kombinationen von Ruten- und Ohrenposition zusammengesetzte Signale führen unter chirurgisch manipulierten Hunden zum Verlust nuancierter Kommunikationsfähigkeiten.

172 Emily S. Rueb und Niraj Chokshi, „Labradoodle Creator Says the Breed is His Life's Regret", *New York Times*, 25. September 2019, Abruf am 15. April 2020, https://www.nytimes.com/2019/09/25/us/labradoodle-creator-regret.html.

Hybridisierung

Eine dritte Strategie, Hunde mittels kontrollierter Zucht auf den Tag X vorzubereiten, wäre, uns den Heterosis-Effekt zunutze zu machen: Mischlinge sind in der Regel besonders leistungsfähig und gesund. Wir würden also versuchen, die genetische Vielfalt zu maximieren und die Rassen möglichst bunt zu mischen. Dabei sprechen wir nicht von *dem* Universalmischling – kein einzelnes phänotypisches Profil würde unserem Ziel entsprechen –, sondern von einer großen Vielfalt *verschiedenster* Universalmischlinge.

Wir würden nach wie vor strengste künstliche Auswahl betreiben, aber unser Ziel wäre, jeden einzelnen Hund zu einem genetischen Potpourri zu machen – je mehr er sich von seinen Artgenossen unterschiede, umso besser! Um die Vielfalt zu maximieren, könnten wir jedes Tier genetisch analysieren, bevor wir es zur Zucht einsetzten. Wir würden Hunde nur dann miteinander kreuzen, wenn sie sich genetisch voneinander unterschieden: Fänden wir die Gene eines Irish Setters in einem Rüden, würden wir One Night Stands mit Hündinnen verbieten, die ebenfalls Irish Setter unter ihren Ahnen haben. Wir würden Zuchtbücher und -register wegwerfen oder einzig und allein zur Maximierung genetischer Vielfalt nutzen. Es gäbe keine reinrassigen Hunde mehr, und der Rassebegriff selbst würde obsolet. Auch würden alle Hundeausstellungen abgesagt – es sei denn, wir verwandelten diese in eine Art Überlebens-Wettbewerb à la *Mad Max*, in welchem Hunde sich durch das Finden versteckten Futters, Meiden von Gefahren, Kommunizieren mit Artgenossen oder schnelle Graben von Löchern beweisen müssten.

Outcrossing (neues genetisches Material in eine Zuchtlinie einbringen) hat nicht immer besonders gesunde Nachkommen zur Folge. Manchmal sind die von den Eltern geerbten Eigenschaften nicht kompatibel, und die Fitness (im Sinne des reproduktiven Erfolgs) sinkt. Die Hybridisierung könnte einzelnen Hunden schaden, aber die Art an sich würde mit großer Wahrscheinlichkeit profitieren. Der Genpool würde diversifiziert und die negativen Effekte exzessiver Inzucht, die in den letzten Jahrhunderten aufgetreten sind, teils rückgängig gemacht.

Wollten wir den Ansatz der künstlichen Selektion konsequent zu Ende denken, könnten wir Hunde bewusst mit Wölfen, Kojoten, Schakalen und Dingos kreuzen und damit den Heterosis-Effekt maximieren. Bereits heute kommt es – Tierschutzbedenken und wissenschaftlicher Missbilligung zum Trotz – zu bewussten Kreuzungen von Hunden mit Wölfen, Kojoten, Schakalen und

Dingos in Gefangenschaft.[173] Anstatt die abtrünnigen Züchter zu kritisieren, sollten wir sie vielleicht bewusst unterstützen und das Stigma reduzieren. Wir könnten die Hybridisierung sogar ins Labor bringen und mittels künstlicher Besamung in Zoos in Gefangenschaft lebende Kojoten-, Wolfs-, Schakal- und Dingopopulationen nutzen. (Nur zur Erinnerung: Wir verteidigen und unterstützen derartige Projekte, welche wir für ausgesprochen unethisch halten, *nicht* – dies ist ein reines Gedankenexperiment!)

Ebenso könnten wir das Durchmischen der Rassen ohne unsere direkte Intervention fördern oder zumindest nicht verhindern: Wir würden Zäune abbauen, Hundetüren installieren und Familienhunden erlauben, sich freier in der Welt zu bewegen. Dies geht allerdings mit großen Nachteilen einher: Hunde in von Menschen besiedelten Gebieten Freiheit zu gewähren birgt Risiken wie Verkehrsunfälle und menschliche Übergriffe (Stehlen, Töten etc.). Auch besteht das Risiko konfliktreicher Begegnungen mit anderen Tieren, im Zuge derer unsere Gefährten verletzt oder getötet werden könnten. Ein letztes Problem dieses Ansatzes ist, dass unsere Vierbeiner, wenn sie derartige Freiheiten hätten und nicht auf ihren menschlichen Besitzer angewiesen wären, was Futter und Unterhaltung betrifft, unter Umständen weniger an unserer Gesellschaft interessiert wären. Vielleicht würden sie verwildern und wir müssten generell überdenken, wie Menschen Hunde halten und mit ihnen umgehen.

Nullwachstum

Im letzten Abschnitt haben wir uns mit der Option auseinandergesetzt, aktiv in die Evolution einzugreifen und unsere Kontrolle über die Fortpflanzung der Hunde noch weiter zu steigern: Wir würden eine Population an Superhunden züchten, die in einer posthumanen Welt größtmögliche Überlebenschancen hätten. Ein alternativer Ansatz ist, wie schon besprochen, aggressiv in die Fortpflanzungsmöglichkeiten heutiger Hunde einzugreifen – allerdings mit einem gänzlich anderen Ziel: Wir würden versuchen, die Zahl jener Hunde, denen eine ungewisse oder hoffnungslose Zukunft droht, zu reduzieren. Das Ziel wäre ein Verhindern neuer Geburten, Nullwachstum, und letztendlich ein Verschwinden der Hunde.

Eine Nullwachstums-Strategie erfordert, dass wir Menschen anders als bisher an die Hunde kommen, die wir als Gefährten halten wollen. Jede Art von

173 Hunde paaren sich in der Wildnis auch mit Kojoten, Wölfen und Schakalen.

kommerzieller Vermehrung oder Hobbyzucht müsste umgehend eingestellt werden. Das Ziel, die Population weltweit zu reduzieren, würde Menschen motivieren, bereits vorhandene Hunde zu adoptieren. Wären Tierheime und Tierschutzorganisationen die einzige Quelle und würde die Nachfrage nach „neu produzierten", von Züchtern, in Zoofachhandlungen und übers Internet erhältlichen Hunden schwinden, könnten wir die Lieferkette unterbrechen. Die existierende Population würde im Laufe von circa fünfzehn Jahren verschwinden – angenommen, wir könnten die Fortpflanzung vollständig verhindern.

Kastrationsprojekte sind bereits heute in einigen Ländern populär und scheinen auf den ersten Blick die effektivste Lösung, um (vom Menschen) unerwünschtes Paarungsverhalten zu unterbinden. Es gibt allerdings kaum Hinweise darauf, dass großräumige Kastrationsprojekte tatsächlich dabei helfen, die Population zu kontrollieren. In manchen Ländern wird auch generell von Kastration und Sterilisation abgeraten. Mancherorts ist dies sogar illegal, wenn es nicht aus medizinischen Gründen notwendig ist. Zugleich haben diese Länder mitunter überschaubare und gut kontrollierte Hundepopulationen, wenige herrenlose Vierbeiner und kaum Probleme mit ausgesetzten Tieren.

In den USA hingegen, wo Tierärzte und Tierschutzgruppen sich seit den 70er Jahren massiv für Sterilisation und Kastration einsetzen, ist der Überbestand an Hunden nach wie vor ein Problem. Jedes Jahr werden zahlreiche Tiere eingeschläfert, weil sie „kein Zuhause haben". In den USA ist das Problem nicht, dass zu viele erwachsene Hunde ohne unser Einverständnis zu viel Sex haben. *Wir* sind das Problem: Zu viele Züchter versuchen, sich eine goldene Nase zu verdienen, indem sie Welpen verkaufen. In der Tat sind zumindest zwei Drittel aller Würfe in den USA kein Versehen, sondern werden absichtlich produziert.[174] Absichtlich neue Welpen in die Welt zu

174 Ein erschwerender Faktor ist, dass Kastration und Sterilisation komplexe und ganz unterschiedliche gesundheitliche Folgen haben. Der Verbund amerikanischer Veterinärmediziner (AVMA) weist darauf hin, dass die Eingriffe sowohl Vor- als auch Nachteile haben: „Aufgrund der unterschiedlichen Häufigkeit und Schwere der Erkrankungen kann keine Pauschalempfehlung für alle Hunde gegeben werden. Eine Empfehlung auf Basis einer sachkundigen individuellen Einschätzung des Patienten erfordert die Evaluierung der Risiken und Vorteile von Kastration/Sterilisation und der möglichen Effekte auf Tumore, orthopädische Erkrankungen, Reproduktionskrankheiten, Verhalten, Lebenserwartung und Populationskontrolle. Allerdings spielen abgesehen vom Kastrationsstatus des Patienten noch viele weitere Faktoren eine Rolle, was diese Punkte betrifft – darunter Rasse, Geschlecht, Genetik, Lebensweise und körperliche Fitness." American Veterinary Medical Association, „Elective spaying and neutering of pets", Abruf am 15. April 2020, https://www.avma.org/resources-tools/animal-health-and-welfare/elective-spaying-and-neutering-pets.

bringen – oft auf eine Art und Weise, die mit großem Leiden für die Mutterhündin einhergeht –, während gesunde Hunde im Tierheim sitzen, macht einfach keinen Sinn.

Es lässt sich schwer sagen, welche Auswirkungen Veränderungen der Populationsdynamik von Familienhunden auf Freigänger und verwilderte Hunde hätten. Ginge die Haustierhaltung und die Zahl der Familienhunde ganz allgemein zurück, würde dies wahrscheinlich auch einen Rückgang der Hundepopulation an sich nach sich ziehen. Wollten wir in die Fortpflanzung von Freigängern und verwilderten Hunden eingreifen, bräuchten wir einen Plan, um diese einzufangen, zu kastrieren und dann wieder freizulassen. Vielleicht ließe sich auch eine chemische Kastrationspille für Hunde entwickeln, die wir übers Futter verabreichen könnten.

Der Nullwachstums-Ansatz geht davon aus, dass den Hunden eine trostlose Zukunft mit hoher Sterblichkeitsrate bevorsteht und wir versuchen sollten, das Leiden zu minimieren, indem wir keine neuen Hunde in die Welt bringen. Stattdessen sollten wir unsere Aufmerksamkeit jenen Hunden widmen, die unser Leben hier und heute bereichern. Wir sollten die vielleicht letzten Jahre, die wir mit ihnen teilen, in vollen Zügen genießen, während die Mensch-Hund-Bindung dem Ende zugeht. Dieser Ansatz konzentriert sich in erster Linie darauf, das Leiden individueller Hunde zu verhindern.

Finger weg!

Im Zuge der Domestizierung haben wir die Art der Hunde manipuliert und Raubbau an ihren Lebenszyklusmerkmalen betrieben. Wir haben entschieden, welche Eigenschaften überleben und sich vervielfältigen dürfen und ihnen von uns definierte Lebenszyklusmerkmale aufgezwungen. So würde die natürliche Selektion zum Beispiel keine Hunde hervorbringen, die nicht dazu in der Lage sind, ihre Welpen ohne Kaiserschnitt zu werfen oder beim Laufen zu atmen.

Bisher haben wir darüber gesprochen, Hunde auf eine posthumane Zukunft vorzubereiten, indem wir die menschliche Selektion noch weiter intensivieren, dabei jedoch unsere Prioritäten ändern: weg von ästhetischen Zuchtzielen, hin zu maximalen Überlebenschancen. Wir bleiben am Steuer, ändern jedoch konsequent die Richtung. Dieser Ansatz geht davon aus, dass wir gute Sicht auf die Zukunft haben und verstehen, wie sich die Evolution der Hunde so dirigieren ließe, dass diese ohne uns gut zurechtkämen. Aber was, wenn wir dazu gar nicht in der Lage sind? Was, wenn es uns sowohl an weiser Voraussicht als auch an Verständnis fehlt? Wir könnten uns stattdessen zurücklehnen und die natürliche Auslese bereits heute ans Steuer lassen: Wir würden unsere Hunde nicht mehr kastrieren bzw. sterilisieren und nicht weiter in Fortpflanzung und Partnerwahl eingreifen. Stattdessen gäben wir ihnen die Freiheit, nach Lust und Laune Kontakt zu ihresgleichen aufzunehmen. Wir könnten weiterhin mit ihnen zusammenleben – allerdings ist vorstellbar, dass sie im Laufe der Zeit weniger zahm und fügsam würden und schließlich das Interesse daran verlören, unsere Haustiere zu sein. Viele würden ein freies Leben beginnen und schließlich verwildern. 20 000 Jahre lassen das gigantische träge Kreuzfahrtschiff der Domestizierung eine Zeitlang weiter vorwärtsdriften, bis es schließlich eine neue Route findet.

Wir haben bereits verschiedene Strategien unter die Lupe genommen, die dabei helfen könnten, die posthumanen Überlebenschancen der Hunde zu maximieren: intensive vom Menschen betriebene Selektion adaptiver Merkmale; Verhindern der Fortpflanzung, um die Anzahl der Hunde zu reduzieren; und ein forcierter Übergang zur natürlichen Selektion, damit der Auswilderungsprozess bald beginnt. Welcher dieser Ansätze ist der beste? Wer weiß! Uns gefällt eine Kombinationsstrategie: Finger weg gewürzt mit einer Prise erfolgsorientierter Programmierung, dem Entfernen von Schadprogrammen und Heterosis. Wir sind der Meinung, dass eine solche Kombination an Strategien die Chancen der Hunde maximieren würde.

Bisher haben wir davon gesprochen, wie wir die Hunde auf eine Welt ohne uns vorbereiten und unseren Umgang mit ihnen ändern könnten. Nun wollen wir uns kurz einer weiteren möglichen Antwort auf die posthumane Zukunft widmen – einer, die uns die Gänsehaut den Rücken hinunterlaufen lässt und furchtbar erscheint: das Töten von Hunden „aus humanitären Gründen".

Prophylaktische Tötungen

Unsicherheit, was die Zukunft betrifft – vor allem in diesem kritischen Augenblick, in welchem Klimakatastrophen und Pandemien reale und wachsende Bedrohungen darstellen – raubt vielen von uns den Schlaf. Wir beenden unsere Arbeit an diesem Buch vor dem Hintergrund der

COVID-19-Pandemie, welche große Auswirkungen auf menschliche Aktivitäten hat und auch unsere Hunde nicht unberührt lässt.[175] Hundehalter können nicht anders, als sich auch über die Zukunft ihrer Gefährten Gedanken zu machen – und das ist auch gut so. Es stellt sich die Frage – wenn auch nur, um gleich darauf vor der Vorstellung zurückzuschrecken: Angenommen, wir wüssten, dass wir Menschen uns dem Ende näherten – wäre es ethisch vertretbar oder sogar richtig, die Hunde prophylaktisch einzuschläfern?[176] Wenn Sie wüssten, dass eine unaufhaltbare Atombombe auf dem Weg wäre – würden Sie, vorausgesetzt, dies ließe sich ohne Schmerzen oder Angst umsetzen, das Leben Ihres Hundes beenden, um ihm Leiden zu ersparen?

Es gibt ein verstörendes historisches Beispiel für diese extreme Reaktion auf eine bevorstehende Katastrophe. Wie Hilda Kean in *The Great Dog and Cat Massacre: The Real Story of World War Two's Unknown Tragedy* schreibt: Vor dem vermeintlich unabwendbaren Bombenangriff wurden die Engländer aufgefordert, ihre Hunde und Katzen ins Tierheim zu bringen, um diese töten zu lassen. Hunderttausende Haustiere wurden vorsorglich eingeschläfert. Dies galt als humanitärer Akt, um den Tieren den potenziellen Horror der Bombardierung und den drohenden Verlust ihrer Besitzer zu ersparen.[177]

Wir andererseits kommen eindeutig zu dem Schluss, dass prophylaktische Tötungen eine unvorstellbar schlechte Idee sind. Menschen können die Zukunft nicht vorhersagen. Selbst Katastrophenszenarien, die nicht nur die Menschen, sondern auch andere Lebewesen weiträumig und unmittelbar betreffen, sind unvorhersehbar. Einzelne Hunde sollten die Chance haben, zu überleben. Wir sollten offen gegenüber der Möglichkeit sein, dass diese

175 Einige der vielen Folgen für die Hunde sind: Zahlreiche Tierheimhunde wurden adoptiert oder als Pflegehunde aufgenommen, während wir Menschen über einen großen Zeitraum hinweg zuhause bleiben mussten. Andererseits wurden viele Familienhunde ausgesetzt oder an Tierheime abgegeben, weil deren Besitzer entweder (unbegründeterweise) fürchteten, dass die Tiere das Virus übertragen könnten, oder sich aufgrund der ökonomischen Einbuße nicht mehr leisten konnten, ihren Hund zu füttern und zu versorgen. Für Freigänger und verwilderte Hunde bedeuteten die Lockdowns, dass ihnen seltener Snacks zugesteckt wurden und Fütterungen ausblieben.

176 Wir verzichten bewusst auf die Verwendung des „Euthanasie"-Begriffs, weil dieser sehr vieldeutig ist und im Zusammenhang mit Hunden oft ohne die angemessenen ethischen Nuancen eingesetzt wird. „Euthanasie" sollte nur verwendet werden, um das Beschleunigen des Todes eines individuellen Hundes aufgrund extremen Leidens an Krankheiten oder Verletzungen, in der Regel mithilfe einer Pentobarbital-Injektion, zu beschreiben. Das „Einschläfern" gesunder Hunde in Tierheimen, auf Wunsch der Gesellschaft oder beim Tierarzt auf Verlangen des Besitzers ist nicht Euthanasie. Ebensowenig ist es Euthanasie, zahlreiche gesunde Hunde zu töten, weil wir davon ausgehen, dass sie ohne uns leiden könnten.

177 Kean, *Great Dog and Cat Massacre*. Campbells *Bonzo's War* berichtet ebenfalls von diesem furchtbaren Ereignis.

– und vielleicht auch unser eigener, ganz spezieller Hund – in einer Welt ohne uns glücklich wären.

Im Laufe dieses Buches haben wir immer wieder argumentiert, dass viele Hunde ohne uns überleben würden. Und Umständen ginge es ihnen sogar ausgesprochen gut! Wir haben die Annahme hinterfragt, dass Hunde Menschen oder sogar eine bestimmte Person oder Familie, die sie „besitzt", benötigen, um weiterleben zu wollen. Selbst stark ins Familienleben eingebundene Hunde, die ihre Menschen lieben und an diesen hängen, haben gute Chancen, im Alleingang zu überleben und sogar ein richtig gutes Leben zu führen. Verwilderte Tiere und Freigänger, die bereits teilweise oder vollständig selbstständig sind und nicht nur irgendwie durchkommen, sondern oft eine hohe Lebensqualität haben, stellen das überzeugendste Gegenargument für die Annahme dar, dass Hunde ohne uns keine Chance hätten.

Was, wenn das Ende der Welt auf sich warten lässt?

Nehmen wir an, wir hätten weltweit zusammengearbeitet und unsere Hunde nach bestem Wissen und Gewissen auf eine posthumane Zukunft vorbereitet – aber unsere Vorhersage stellt sich als falsch heraus. Die große Katastrophe findet ganz einfach nicht statt, und wir Menschen sind nach wie vor am Leben. Während viele Aspekte des von uns besprochenen Preppings moralisch problematisch sind, ist die Schnittmenge zwischen den Vorbereitungen auf den Tag X und Bemühungen, die Lebensqualität unserer Hunde im Zusammenleben *mit* uns zu maximieren, erstaunlich groß. Daher wollen wir uns Gedanken über verschiedene Formen des Preppings machen – vor allem jene, die ethisch nicht haltbar wirken. Vielleicht hilft uns dies dabei, die Probleme und das Potenzial heutiger Mensch-Hund-Beziehungen besser zu verstehen.

Wären die körperlichen Eigenschaften, von denen Hunde in einer Zukunft ohne uns profitieren, erstrebenswert, wenn wir unser Leben weiterhin miteinander teilen? Großteils ja. Ganz egal, was die Zukunft bereithält: Wir sollten uns bemühen, unseren Haustieren physische Belastbarkeit und ein robustes Immunsystem – kurz gesagt ein gesundes Leben – zu ermöglichen. Auf jene Merkmale hinzuzüchten, die die Überlebenschancen maximieren, würde eine körperlich und mental fitte Population ergeben, die auch verhaltenstechnisch in der Lage wäre, sich an verschiedene Lebensumstände anzupassen. Zugleich begännen wir, den Schaden jahrzehntelanger Zuchtpraktiken rückgängig zu machen, die in erster Linie darauf abzielten, Hunde in Dekorationsstücke mit Stammbaum zu verwandeln: Kaniden, die im falschen Körper gefangen sind. Kontrollieren wir die Fortpflanzung bewusst, so sollte unser Ziel das körperliche Wohlergehen der Individuen und nicht deren Aussehen sein. Wir sollten weniger Inzucht betreiben und Merkmale, welche die Lebensqualität bzw. -erwartung verringern, ausmerzen, den Genpool vergrößern und die Stammbaum- und Rassebesessenheit hinter uns lassen.

Ein weiterer Aspekt des Preppings, der zugleich dem Ziel, die Lebensqualität unserer heutigen Vierbeiner zu maximieren, entspricht, ist das Prinzip, dass der Körper eines Tieres seinem ökologischen Kontext entsprechen sollte. Aktuell verschwenden Menschen kaum einen Gedanken daran, ob der von ihnen gewählte Hund dem lokalen Habitat entspricht.

Klar, wir Menschen helfen den Hunden, mit harschen Umgebungen zurechtzukommen, indem wir sie im klimatisierten Haus halten oder ihnen warme Mäntel und Stiefel anziehen. Nichtsdestotrotz verringert eine Diskrepanz zwischen Hunden und ihrem Habitat deren Lebensqualität. Es ist nicht so, als könnten Huskies in Palm Springs kein glückliches Leben führen. Aber sie tun sich schwer, wenn die Temperaturen auf fast 40 Grad ansteigen, und ihre Lebensqualität ist insofern beeinträchtigt, als dass sie nur zu bestimmten Tageszeiten spazieren, mit anderen Hunden spielen oder ganz einfach im Freien sein können. Wenn die Entscheidung unsere ist – warum sollten wir die Bedürfnisse eines Hundes *nicht* mit den örtlichen Bedingungen unserer Heimat abgleichen? Es ist gar nicht so schwierig, die Bedürfnisse eines Familienhundes mit den Möglichkeiten und Einschränkungen unseres eigenen Lebens in Einklang zu bringen. So eignen sich lebhafte Hunde mit viel Energie am besten für Menschen, die ebenfalls aktiv sind usw.

Hunde, die für eine posthumane Zukunft bereit sind, stellen unter Umständen keine idealen Familienhunde dar – zumindest nicht, wenn wir unsere aktuellen Messlatten anlegen. Vielleicht sollte es weniger darum gehen, ihnen unsere Vorstellungen aufzuzwingen, als darum, die Erwartungen zu ändern, die wir an unsere Gefährten stellen. Viele Menschen, die einen Hund aufnehmen, wirken verblüfft und mitunter sogar beleidigt, wenn sich dieser *wie ein Hund* verhält: Wir wollen Haustiere, die kein Fell verlieren, nicht bellen und deren an schmutzabstoßenden Pfoten befindliche Krallen keine Kratzer im neuen Parkettboden hinterlassen. Viele arttypische Verhaltensweisen, die Hunde mit großer Motivation zeigen, werden von Besitzern und sogar von Tierärzten als „schlimm sein" bezeichnet. In einer posthumanen Welt müssen Hunde *Hunde sein*. Sie müssten all jene Verhaltensweisen zeigen, die sie im Laufe der Evolution entwickelt haben: bellen, Hintern beschnüffeln, Eichhörnchen jagen, sich in Aas wälzen, schnell laufen und mit Artgenossen spielen. Auch unseren heutigen Hunden sollten wir diese Verhaltensweisen nicht vorenthalten. Ganz im Gegenteil: Wir sollten sie dazu ermuntern, diese zu zeigen.

Dies bringt uns zu unserer letzten Frage, welche wir im nächsten Kapitel stellen: Sind die Kompromisse, die wir von unseren Hunden erwarten, größer, als sie sein sollten? Unverblümt gefragt: Könnte unser Verschwinden mehr Vorteile als Nachteile für die Hunde mit sich bringen?

8. Wären Hunde ohne uns besser dran?

Ein Freigänger-Wurf in einer Höhle auf Bali.

Ginge es Hunden besser, wenn sie ihr Leben nicht mit Menschen teilten? Vielleicht fällt es Ihnen schwer, diese Frage in Betracht zu ziehen, wenn Sie Hunde haben bzw. lieben und die Loyalität der Mensch-Hund-Partnerschaft zu schätzen wissen. Lesen Sie dieses Buch, während Ihr Vierbeiner neben Ihnen auf der Couch döst oder sich in seinem gemütlich gepolsterten Körbchen einen mit Erdnussbutter gefüllten Kong© schmecken lässt, ist es vielleicht sogar zu schmerzhaft, darüber nachzudenken:

Wie würde *mein* Hund überleben, nackt und ängstlich, in einer postapokalyptischen Zukunft sich selbst überlassen? Wie würde es ihm ergehen, wenn ich ihn nicht beschützen könnte? Auch wenn es schwerfällt – versuchen Sie, einen Moment lang nicht nur zu überlegen, was Ihr Hund zu verlieren hat, sondern auch, was er gewinnen könnte. Noch besser: Stellen Sie sich die Vielfalt individueller Hunde vor, die sich den Planeten aktuell mit uns teilen. Was haben diese zu verlieren, wenn sie die Welt für sich allein hätten? Was könnten sie gewinnen? Denken Sie auch an jene Hundegenerationen, die dem Übergang folgen: Tiere, die nie einem Menschen begegnet sind. Vielleicht wäre die Art der Hunde im Allgemeinen besser gestellt, wenn sie den Planeten nicht mit uns teilen müsste – wenn das 20 000 Jahre alte Domestizierungsexperiment (welches zweifellos das eine oder andere Problem mit sich brachte) ein für alle Mal abgebrochen würde!

Mit Sicherheit haben auf sich selbst gestellte Hunde in einer posthumanen Welt so manche Herausforderung zu meistern. Andererseits steckt eine solche Zukunft auch voller Möglichkeiten: Hunde würden sich auf unzählige Arten an unbekannte Situationen anpassen, Neues ausprobieren und bereichernde Erfahrungen sammeln. Wir haben bereits gesehen, dass ein Hundeleben wesentlich mehr zu bieten hat, als den ganzen Tag lang Bälle zu jagen, Postboten zu verbellen oder nervös darauf zu warten, dass der Mensch von der Arbeit nach Hause kommt. Stellen wir uns geschäftige Hundewelten vor, in denen Kaniden im Alleingang oder gemeinsam die Herausforderungen des Überlebens meistern und die Belohnungen ihrer Umwelt einheimsen!

Wir wollen versuchen, aufzulisten, was Hunde zu verlieren bzw. zu gewinnen hätten, wenn die Menschen verschwänden. Vielleicht können wir so herausfinden, ob bzw. wie wir unseren heutigen Hunden das Leben schwermachen. Was für diejenigen von uns, die mit Familienhunden zusammenwohnen, noch relevanter ist, sind die daraus resultierenden Erkenntnisse: Verlangen wir von unseren Hunden – vielleicht sogar, ohne uns dessen bewusst zu sein

– auf eine Art und Weise zu leben, die sie in ihrer Persönlichkeit einschränkt? Inwiefern hindern wir unsere besten Freunde daran, Hund zu sein? Wir wollen uns mit dem gesamten Spektrum an Optionen und bereichernden Erfahrungen eines Vierbeiners auseinandersetzen, um unsererseits bessere Partner zu werden!

Um die Frage zu beantworten, ob der Hund, der neben uns auf der Couch sitzt, von einer menschenfreien Welt träumt, versuchen wir, die Vor- und Nachteile einer solchen zu identifizieren. Sie werden nicht überrascht sein, dass sich dies nicht mit einem einfachen Ja oder Nein beantworten lässt. Je tiefer wir in das Thema eintauchen, desto komplexer wird es!

Variablen einer Kosten-Nutzen-Analyse

Wir haben eine umfassende Liste dessen zusammengestellt, was Hunde zu gewinnen bzw. zu verlieren hätten, wenn wir Menschen ausstürben (siehe Tabellen S. 160/161). Bevor wir uns dieser zuwenden, wollen wir erklären, warum Kosten-Nutzen-Analysen gar nicht so einfach sind.

Was Hunde auf der Ebene der Art gewinnen oder verlieren könnten, deckt sich nicht damit, was ein individueller Hund zu verlieren oder erlangen hat. Das plötzliche Verschwinden der Menschen wird auf individueller Ebene große Verluste zur Folge haben. Viele Hunde haben geringe Überlebenschancen, da es ihnen an Erfahrungen fehlt: Nie zuvor haben sie selbstständig nach Futter und Unterschlupf gesucht oder sind funktionierende Paarbindungen eingegangen. Je nachdem, *wie* die Menschen verschwinden, haben einzelne in Gefangenschaft lebende Hunde außerdem keine Chance, sich aus Häusern bzw. Zwingern in Tierheimen oder Labors zu befreien. Auch sie werden verenden. Unter jenen, die nach draußen gelangen, hat ein Überbestand in manchen Gegenden einen harten Wettbewerb um spärlich vorhandene Futterressourcen zur Folge. Dazu kommt, dass viele Übergangshunde sich nicht fortpflanzen können, weil sie kastriert oder sterilisiert wurden. Selbst wenn sie überleben, befinden sie sich in einer genetischen Sackgasse. Nichtsdestotrotz ist vorstellbar, dass genügend Hunde überleben, um lebensfähige Populationen in bewohnbaren Ökosystemen Fuß fassen zu lassen. Die Art der Hunde könnte also durchaus gedeihen.

Kosten und Nutzen für Übergangshunde werden individuell ganz verschieden ausfallen und stark damit zusammenhängen, *wo* ein bestimmter

Hund seine Reise in eine posthumane Zukunft beginnt. Die Eigenschaften des Ortes, an welchem ein Übergangshund lebt, und sein bisheriger Lebensstil wirken sich darauf aus, welche Herausforderungen ihm bevorstehen und was er als Gewinn oder Verlust empfindet. Wie gut er sich zurechtfindet, hängt auch mit der Persönlichkeit, dem Erfahrungsschatz, erlernten Verhaltensweisen, sozialer und emotionaler Intelligenz und körperlichen Merkmalen zusammen.

Kosten und Nutzen menschlichen Verschwindens

	Physisch	**Sozial**	**Psychisch**
Nutzen	Bewegungsfreiheit	Fähigkeit, selbstständig zu agieren und freie Entscheidungen zu treffen	Keine aus der Gefangenschaft resultierende Folgeschäden
	Keinerlei Einschränkungen seitens der Menschen (Halsband, Leine, Zaun, Zwinger)	Größere Entscheidungsfreiheit	Keine Angst vor/kein Stress aufgrund von Strafen, Gewalt oder Einschränkungen der Freiheit seitens des Menschen
	Keine Gefangenschaft in Welpenfabriken, Tierversuchslaboren oder Käfigen in der Hundefleischerzeugung	Freiheit, Freunde selbst zu wählen	Keine Angst/kein Stress aufgrund von menschenbedingter Unvorhersehbarkeit oder Unbeständigkeit
	Kein Leben als Versuchstier	Freie Wahl von Sexualpartnern und Paarungszeitpunkt	Kein von Menschen ausgelöstes Trauma
	Kein Leben als Zuchtmaschine	Freiheit zur Brutpflege und alloparentalen Pflege	Gelegenheiten, die Gesellschaft von Hunden und anderen Tieren zu wählen
	Keine Misshandlung, keine sexuelle Ausbeutung, keine Hundekämpfe	Freiheit, mit Wurfgeschwistern und Geschwistern zu interagieren	Keine vom Menschen verursachte erlernte Hilflosigkeit
	Kein Töten gesunder Hunde	Freiheit, alleine zu sein und Ruheperioden zu wählen	Vielfältigere Sinneserfahrungen

	Keine künstliche Selektion maladaptiver Merkmale wie Brachyzephalie	Freiheit, Gruppen zu bilden und Rudel- bzw. Gruppenverhalten auszuleben	Keine Deprivation der Sinneserfahrungen
	Weniger Übergewicht		Keine Reizüberflutung in von und für Menschen gestalteten Umgebungen
	Unter Umständen gesündere Ernährung		Größere Zufriedenheit und Ausgeglichenheit (z. B. durch die Möglichkeit, sich Nahrung zu erarbeiten)
	Größere Bandbreite an Sinneserfahrungen (z. B. mehr Gelegenheiten, die Nase einzusetzen)		Selbstwirksamkeit
	Natürlicher Hormonhaushalt und natürliche Entwicklung		Entscheidungsfreiheit
	Der Umgang mit körperlichen Energiereserven wird von Hunden selbst bestimmt.		Geringere Wahrscheinlichkeit, an Angststörungen und Depressionen zu leiden
	Keine Kastration/Sterilisation (Implikationen für Hormonhaushalt, bestimmte Krankheitsrisiken, Wachstumsfugen/Entwicklung etc.)		Weniger Langeweile
	Keine chirurgischen Verstümmelungen wie Kupieren von Ohren und Ruten oder Entfernen von Gewebe im Bereich der Stimmbänder, um die Bellfähigkeit einzuschränken		
	Keine Tierheime und kein mit Tierheimen zusammenhängender Tod		
	Weniger rassespezifische genetische Erkrankungen		

	Physisch	Sozial	Psychisch
Kosten	Keine tierärztliche Betreuung	Verlust menschlicher Freundschaft	Größere Angst vor Raubtieren
	Kein Schmerzmanagement (Medikamente, Massage, Akupunktur, Palliativbehandlung, Schmerzmittel etc.)	Menschen planen und ermöglichen keine Sozialkontakte mit Artgenossen mehr	Größere Angst aufgrund von ökologischer Unvorhersehbarkeit
	Risiko, mit Krankheiten in Kontakt zu kommen	Weniger „organisierte Freizeit", um mit Freunden zu spielen	Kein Zugang zu verhaltenstherapeutischen Interventionen, Anxiolytika etc.
	Verlust von Komfort	Keine menschliche Hilfe im Umgang mit Konflikten	
	Keine regelmäßigen Mahlzeiten		
	Risiko der Mangelernährung		
	Größeres Risiko, von anderen Tieren gejagt zu werden		
	Weniger Schutz vor Wind und Wetter		
	Keine vom Menschen zur Verfügung gestellten sicheren Rückzugsorte		
	Keine anthropogenen Futterquellen		
	Keine Parasitenkontrolle seitens des Menschen		
	Keine Pflege und Hygiene seitens des Menschen		
	Verlust möglicher Gesundheitsvorteile von Kastration und Sterilisation		
	Keine Euthanasie, um Leiden und Schmerzen zu beenden		

Aktuell leben Hunde in ganz unterschiedlichen Beziehungen mit Menschen. Manche von ihnen werden uns stark vermissen, während andere froh sind, uns los zu sein. Ein Familienhund mit einem gut informierten, motivierten und empathischen Menschen an seiner Seite hat mehr zu verlieren als einer, der sein Dasein im Zwinger eines Tierversuchslabors oder einer Welpenfabrik fristet. Verwilderte Hunde werden die von Menschen produzierten Müllberge vermissen, nicht jedoch unsere Gesellschaft. Obwohl die Herausforderungen für Familienhunde, Freigänger und verwilderte Tiere jeweils anders aussehen, finden unser Verlust und der Übergang von menschlicher zu natürlicher Selektion für alle abrupt statt und werden für viele kein Zuckerschlecken sein.

Auswirkungen des Geschlechts auf die Kosten-Nutzen-Analyse

	Rüden	**Hündinnen**
Nutzen	Mehr Sex	Reproduktionsfreiheit/-kontrolle
	Kein Verlust der Geschlechtsorgane	Kein Verlust der Eierstöcke
	Normaler Testosteronhaushalt	Normaler Östrogen- und Progesteronhaushalt
	Möglichkeit zur Vaterschaft	Möglichkeit zur Mutterschaft
	Sexuelle Befriedigung	Freiheit dazu, sich über die gesamte Dauer der Mutterschaft hinweg um die Welpen/Junghunde zu kümmern
	Freie Partner- und Sozialpartnerwahl	Sexuelle Befriedigung
		Freie Partner- und Sozialpartnerwahl

	Rüden	**Hündinnen**
Kosten	Konkurrenz um das Vorrecht auf Paarung	Keine tierärztliche Hilfe bei komplizierten Geburten
	Coitus interruptus (ein anderer Rüde kann das obligatorische Hängen unterbrechen, bevor die Besamung stattfindet)	

Der posthumane Hundebestand wird rund um die Welt zurückgehen. Die sinkende Population stellt jedoch nicht unbedingt einen Verlust dar: Es lässt sich argumentieren, dass es heute aufgrund intensiver Zucht durch den Menschen und verantwortungsloser Tierhaltung zu viele Hunde gibt. Die Zahl posthumaner Tiere muss besonders in dicht besiedelten Gebieten stark absinken, um zukunftsfähig zu sein. Wie viele Individuen ein bestimmtes Areal bewohnen können, hängt mit der ökologischen Tragfähigkeit – der Maximalpopulation einer Art, welche die entsprechende Umgebung aufrechterhalten kann – der Habitate zusammen, in welchen die Vierbeiner zu überleben versuchen.

Posthumane Hunde könnten temporäre oder stabile Gruppen bilden. Dabei profitiert ein Individuum jedoch nicht notwendigerweise von denselben Dingen wie das Rudel. Im Einzelfall hängt dies davon ab, wie die Gruppe zusammengestellt ist und wie die ökologischen Bedingungen, in denen sie sich zurechtfinden muss, aussehen. Wie bereits erwähnt sind Tiergruppen in der Regel dann am stabilsten, wenn sie ein breites Spektrum an Verhaltensphänotypen beinhalten. So kann es ein Vorteil für das Rudel als ganzes sein, aus höher- und niederrangigen Tieren zu bestehen – selbst wenn das Leben einzelner niederrangiger Hunde schwierig ist.

Manche Effekte des menschlichen Aussterbens würden umgehend wahrgenommen – unter anderem der Verlust anthropogener Futterquellen und die neu gewonnene Bewegungsfreiheit. Tatsächlich werden die Folgen unseres Verschwindens jedoch über viele Jahrzehnte nachhallen und spätere Generationen anders beeinflussen als frühere.

Kosten und Nutzen

Unsere Kosten-Nutzen-Aufstellung besteht aus drei Kategorien: physisch, sozial und psychisch. Unter diesen Variablen kommt es zu Trade-offs, genau wie unter den Lebenszyklusmerkmalen: Kosten und Nutzen in den verschiedenen Kategorien existieren nicht im Vakuum, sondern beeinflussen einander gegenseitig. Vielleicht fallen Ihnen Punkte ein, die auf unserer Liste fehlen. Vielleicht würden Sie unsere Spekulationen besser organisieren und illustrieren. Vielleicht stellen Sie die Dinge, die wir in die Kosten- und Nutzen-Spalten gestellt haben, infrage. Gerade das stellt einen guten Ansatzpunkt für weitere Diskussionen über posthumane Hunde und, was noch wichtiger ist, unsere heutigen Gefährten und ihre Menschen dar.

Wir wollen einige Beispiel aus den Kosten-Nutzen-Tabellen genauer unter die Lupe nehmen und Details hinzufügen, um dem Leser besser zu vermitteln, wie komplex diese sind und wie oft sie der Intuition widersprechen. Dabei werden wir uns nicht mit jedem Punkt im Detail befassen. Manche sind selbsterklärend; über andere lässt sich wenig sagen.

Physische Kosten und Nutzen

Die Hunde verlieren einige der größten Vorteile, die das Leben an unserer Seite mit sich bringt: regelmäßige Versorgung mit nahrhaftem Futter, Trinkwasser, gemütliche Liegeplätze und Schutz vor Wind und Wetter. Ebenso müssen sie ohne tierärztlicher Betreuung wie Impfungen, Krankheits- und Schmerzmanagement, Wundpflege und Antibiotika, Körperpflege und Parasitenkontrolle auskommen.

Diesen Verlusten stehen gar nicht so kleine Gewinne gegenüber. Wie bereits in Kapitel 4 angedeutet sind wir Menschen die primäre Todesursache heutiger Hunde. Dies liegt an einer Kombination an systematischen Tötungen in Teilen der Welt mit ernsten Tollwutproblemen, Verkehrsunfällen und dem „humanitären" Einschläfern von Hunden in Kulturen, in denen diese ohne menschliches Zuhause als „herrenlos" gelten und nicht ohne „Besitzer" leben dürfen.

In einer posthumanen Zukunft gibt es auch keine Opfer von Tierquälerei und menschlicher Ausbeutung mehr. Niemand wird in Tierversuchslaboren gequält. Hündinnen sind keine unfreiwilligen Zuchtmaschinen. Ebenso verschwinden sexuelle Misshandlungen seitens des Menschen, Hundekämpfe und Hunderennen, der Hundefleischhandel und die extremen Qualen und körperlichen Torturen, die Hunde oft von uns erdulden müssen. Bei Tierquälerei handelt es sich nicht um seltene, vereinzelte Fälle. Im Gegenteil: Millionen Hunde fallen ihr täglich zum Opfer.

Heute haben wir einerseits mit den offensichtlichen Grausamkeiten zu tun, denen Hunde seitens des Menschen ausgesetzt sind. Dazu kommen jedoch auch die Leiden von Familienhunden, die oft übersehen werden: Ihr Leben ist unbefriedigend und eintönig, und sie haben kaum Gelegenheit, arttypische Verhaltensweisen zu zeigen. Infolgedessen leiden sie häufig an unterschwelligem chronischem Stress. Circa 80 Prozent US-amerikanischer Hundebesitzer berichten, dass ihr Hund „Verhaltensprobleme" zeige. Tatsächlich ist zumindest die Hälfte der von den Besitzern als problematisch bezeichneten Verhaltensweisen für Hunde völlig normal: buddeln, um Aufmerksamkeit heischen, weglaufen oder aus dem Garten ausbrechen, Essen klauen, bellen und an der Leine ziehen. Wir erlauben unseren Gefährten nicht, sie selbst zu sein, und strafen sie für ihr Hundsein. Es ist also wenig überraschend, dass Millionen von Tieren unter psychischen Problemen wie Angststörungen und Depressionen leiden.

Ohne Menschen werden Hunde nicht mehr in unsere Erwartungen gezwungen. Niemand erwartet von ihnen, sich wie vierbeinige flauschige Menschen zu verhalten. Zahlreiche alltägliche Einschränkungen, die wir ihnen heute auferlegen – Leinen, Boxen, Zäune und Elektroschockhalsbänder – sind kein Thema mehr. Die Hunde selbst entscheiden, wann und wofür sie wie viel Energie aufwenden wollen. Sie haben die Freiheit, arttypische Verhaltensweisen zu zeigen und gewinnen, was wir anthropomorphisierend als Selbstbestimmung bezeichnen.

Physische Kosten und Nutzen hängen oft mit sozialen und psychischen Gewinnen und Verlusten zusammen. So könnte das Fehlen eines physischen Rückzugsorts etwa mit größerer Angst und Unbehagen in Verbindung stehen. Andererseits zieht größere Selbstbestimmung in der physischen Welt Vorteile auf der psychischen Ebene nach sich: Entscheidungsfreiheit hängt mit Zufriedenheit, Selbstbewusstsein und Glücksgefühlen zusammen.

Soziale Kosten und Nutzen

In der sozialen Kategorie haben Hunde mehr zu gewinnen als zu verlieren. Plötzlich steht es ihnen frei, mit Artgenossen zu interagieren – etwas, was den meisten Familienhunden schwerfällt und mitunter selbst für Freigänger nur bedingt möglich ist. In einer posthumanen Zukunft schließen sie Freundschaften, gehen Allianzen ein und bringen ein großes Repertoire an kommunikativen und anderen sozialen Verhaltensweisen zum Ausdruck. Nach der Übergangszeit sind alle Hunde intakt und in der Lage, sexuelle und elterliche Erfahrungen zu sammeln. Selektieren Menschen nicht mehr bestimmte Verhaltensphänotypen – darunter selbstbewusst, freundlich, extrovertiert – kommt ein breites Spektrum an Verhaltensprofilen in Populationen zum Ausdruck.

Dennoch ist die posthumane Welt keine große, fröhliche Hundewiese. Die Tiere sind in der Lage, Kontakt miteinander aufzunehmen – jedoch sind nicht alle Interaktionen freundlicher Natur. Auch Auseinandersetzungen mit Artgenossen und anderen Tieren sind ein wesentlicher Bestandteil sozialer Freiheit und können Verletzungen bis hin zum Tod zur Folge haben. Selbst Wunden, die nicht ernst wirken, können ein Tier reproduktiv außer Gefecht setzen. Auch können die Hunde sich nicht mehr auf unsere Hilfe verlassen, um soziale Begegnungen und Konflikte zu schlichten. Sozial ungeschickte Individuen tun sich schwer, selbstständig zu überleben, und sind dennoch sich selbst überlassen. Welpen, die von ihren Müttern, Vätern und Geschwistern sozialisiert werden – nicht von wohlmeinenden menschlichen „Mamas" und „Papas" – werden größeres innerartliches Kommunikationstalent erlangen – ein eindeutiges Plus!

Der vielleicht wichtigste soziale Verlust für die Hunde ist die Auflösung der Bindung, die im Laufe unserer Koevolution entstanden ist. Die Domestizierung hat ihr Sozialverhalten auf verschiedenste Art und Weise geformt. Denken Sie nur an die zahlreichen an den Menschen gerichteten Verhaltensweisen wie einander in die Augen schauen, dem Blick des anderen folgen, die Fähigkeit von Hunden, subtile emotionale Signale des Menschen (z. B. Gesichtsausdrücke) zu interpretieren und die Oxytocin-Rückkopplungsschleife (eine positive Rückkopplung, im Zuge derer die Ausschüttung von Oxytocin Prozesse anregt, die zur Ausschüttung von noch mehr Oxytocin führen – die sprichwörtliche Liebe liegt in der Luft!). Evolutionär gesehen haben Hunde viel in Menschen investiert. Lässt sich dieses Investment auf innerartliche Beziehungen umlegen?

Psychische Kosten und Nutzen

Derzeit ist unser Einfluss auf das psychische Wohlergehen vieler, vielleicht sogar der meisten Hunde rund um die Welt sehr groß – mit allen Vor- und Nachteilen, die damit einhergehen. Wir beschützen Hunde vor manchen der Stressoren und Ängste, denen sie ausgesetzt wären, wenn sie sich alleine durchschlagen müssten: Angst vor Raubfeinden und Stress, der mit unvorhersehbaren Umgebungen und unregelmäßigen Mahlzeiten einhergeht. In vielen Fällen sind wir auch vertraute Gefährten: Sie verlassen sich auf uns und fühlen sich an unserer Seite wohl. Andererseits terrorisieren Menschen Hunde: Verwilderte Hunde und Freigänger werden oft gejagt und getötet. Wir sind die Ursache großen psychischen Leidens unter Hunden, die ihr Dasein in Welpenfabriken, Tierversuchslaboren, Hundekampfringen und anderen Situationen fristen, die einem Leben im Gefängnis gleichen. Selbst Familienhunde haben mit einer Reihe psychischer Herausforderungen zu kämpfen: unser oft unvorhersehbares Kommen und Gehen, Leistungsdruck, unsere Tendenz zur Fehlkommunikation, unsere häufigen und oft verwirrenden Strafen und unsere emotionale Abhängigkeit, die krankhafte Ausmaße annehmen kann.[178]

Mancher fraglichen Aspekte aktueller Mensch-Hund-Beziehungen sind wir uns nicht bewusst, weil wir sie als gegeben hinnehmen. Ein Beispiel hierfür ist unsere Tendenz, Welpen ihren Müttern weg und selbst „in Besitz" zu nehmen. Von unserem Blickwinkel aus gesehen ist es mit großer Freude verbunden, sich „einen Hund zu nehmen": Wir holen ein niedliches, fiependes, verletzliches Fellbündel in unser Zuhause und beginnen, eine Bindung zu unserem neuen besten Freund aufzubauen. Unser Instinkt, uns um den hilflosen Welpen zu kümmern, setzt ein und wir verlieben uns auf Anhieb. Aus der Perspektive des Welpen und seiner Mutter ist die Erfahrung unter Umständen weniger rosig: Wir unterbinden natürliche Hundeverhaltensweisen wie die Aufzucht der Welpen durch die Eltern und deren Bindung. Wie David Brooks in *The Grass Library: Essays* schreibt: „Wir fügen den Tieren, die wir als unsere Gefährten sehen, so viele Wunden zu; wir nehmen sie ihren Müttern so früh weg – kaum, wenn überhaupt, entwöhnt – und das ist erst der Anfang."[179]

178 Pierce, *Run, Spot, Run.*
179 Brooks, *The Grass Library: Essays*, 15.

Dystopie, Utopie oder Huntopie?

Es scheint, als wären Hunde ohne uns besser dran. Die Nutzenliste ist deutlich länger als die Kostenliste. Dazu kommt, wie ein Leser in einem Kommentar zu einem von Jessicas Artikeln feststellt, dass die meisten Punkte in der Kostenliste ersetzt werden können. So sind nahrhaftes Futter, Wasser und Schutz vor Wind und Wetter auch in der Natur verfügbar; Freundschaften können innerhalb eines Rudels entstehen und Spielzeuge sind schlichtweg unnötig, wenn Hunde nicht mehr dazu gezwungen sind, den ganzen Tag zu Hause zu sitzen.[180]

Dennoch wäre es falsch, zu sagen: „Allen Hunden würde es ohne uns besser gehen." Hier geht es nicht nur darum, Gewinne und Verluste aufzuzählen und die längere Spalte als die bessere zu definieren. Manche Tiere werden profitieren, während andere mehr zu verlieren haben. Manche Kosten und Nutzen sind wichtiger als andere, und dazu kommt, dass jeder individuelle Hund diese anders empfindet: Was für einen einen großen Verlust darstellt, ist einem anderen vielleicht nicht sonderlich wichtig. Auch Trade-offs müssen berücksichtigt werden: Wird ein Verlust tierärztlicher Betreuung dadurch wettgemacht, dass posthumane Hunde größere Freiheiten haben – darunter die Wahl des Sexualpartners, keinerlei chirurgische Eingriffe und mehr Gelegenheiten, Freundschaften zu schließen? Wird das Ausbleiben gefüllter Futterschüsseln von der Gelegenheit aufgewogen, selbst zu entscheiden, wann, wo und was gefressen wird?

Überleben ist nicht dasselbe wie prosperieren und gedeihen. Selbstständige Hunde werden überleben (zumindest manche von ihnen). Aber werden sie ein richtig gutes Leben haben? Zuallererst müssen körperliche Bedürfnisse gestillt werden: Die Hunde benötigen ausreichend Nahrung und vor Fressfeinden und den Elementen geschützte Orte. Auch ist das Fortbestehen der Art auf ausreichend Energiereserven und Gelegenheiten zur Fortpflanzung angewiesen. Kannst du nicht fressen oder wirst zum Abendessen eines anderen, ist die Geschichte schnell zu Ende. Zudem stellt sich die Frage: Würden Hunde sich nur irgendwie durchschlagen oder sich des Lebens freuen?

Physische, soziale und psychische Bedürfnisse hängen zusammen und lassen sich nur schwer trennen. So hat etwa Bewegungsfreiheit mit größerer

180 Pierce, „Beyond Humans: Dog Utopia or Dog Dystopia?" *Psychology Today* (Blog), 18. Oktober 2018, https://www.psychologytoday.com/ca/blog/all-dogs-go-heaven/201810/beyond-humans-dog-utopia-or-dog-dystopia.

Selbstwirksamkeit zu tun: mit der Freiheit, Entscheidungen zu treffen und unabhängig zu handeln. Beides zieht Zufriedenheit und Wohlbefinden nach sich.[181] Letztendlich muss eine posthumane Zukunft, die wir uns für unsere Hunde ausmalen können, ohne erst einmal schlucken zu müssen, auch soziale und psychische Elemente beinhalten, die Freude, Wohlbefinden und Begeisterung wecken.

Diese Diskussion bringt uns zurück zu einer jener Fragen, die uns dazu motiviert hat, die Arbeit an diesem Buch zu beginnen: Wie sieht das „bestmögliche" Hundeleben aus? Es ist leicht, uns Szenarien vorzustellen – sowohl in der Gegenwart als auch in der Zukunft – die für Hunde furchtbar wären. Wesentlich schwieriger ist es, eine imaginäre Welt zu konstruieren, in welcher unsere Gefährten alles oder so gut wie alles haben, was sie brauchen, um glücklich zu sein. Wie könnte eine Hunde-Utopie – eine Huntopie – aussehen? Würden wir Menschen eine solche notwendigerweise teilen? Ist der Vierbeiner neben uns froh, dass wir jederzeit bereit sind, das Steuer zu übernehmen, oder träumt er davon, im Alleingang unterwegs zu sein? Für posthumane Hunde gibt es keine Grenzen!

181 Siehe Bekoff und Pierce, *Animals' Agenda* und Bekoff und Pierce, *Unleashing Your Dog.*

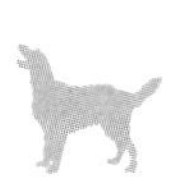

9. Die Zukunft der Hunde und die Hunde der Zukunft

Eine balinesische Freigängerin säugt und kümmert sich um ihre Welpen.

Wir wollen nun zur Ausgangsfrage dieses Buches zurückkehren: Können Hunde in einer Welt ohne Menschen überleben? Wir haben jede Menge Antworten gefunden. Die Übergangsjahre sind schwierig, weil der Verlust menschlicher Unterstützung direkt gefühlt wird – besonders in Bezug auf Nahrungsquellen. Auch kommt es plötzlich zu unterschiedlichsten und unvorhersehbaren Begegnungen mit Hunden und anderen Tieren. Diese neuen Herausforderungen erfordern nicht nur die Fähigkeit, sich verhaltenstechnisch, neurologisch und physiologisch an unbekannte Umstände anzupassen, sondern auch eine gute Portion Glück. Die natürliche Auslese merzt innerhalb kurzer Zeit maladaptive morphologische Merkmale und Verhalteneigenschaften wie Kurzköpfigkeit und extrem faltige Haut aus. Hunde, die keine Erfahrung darin haben, selbstständig zu überleben, müssen sich schnell auf neue Lebensumstände einstellen. Manche tun sich leichter als andere.

Die geografische Verteilung der Kaniden verschiebt sich und der weltweite Bestand sinkt. Posthumane Hundepopulationen konzentrieren sich auf Ökosystemen und Klimata, in welchen sie leichter ohne menschliche Unterstützung zurechtkommen. Unterm Strich lautet die Antwort: Ja! Viele Hunde überleben nicht nur, sondern prosperieren sogar.

Wir haben verschiedene Ideen vorgestellt, wie die evolutionäre Laufbahn posthumaner Hunde aussehen könnte. Immer wieder stießen wir dabei auf unauslöschliche Engramme – uralte Impulse und Gedächtnisspuren, die noch heute im Gehirn unserer Hunde bestehen und beeinflussen, was sie tun und fühlen. Wir haben versucht, diese zu schätzen und zu entziffern, um besser zu verstehen, wie unsere Gefährten ohne uns zurechtkämen. Dennoch können wir nach wie vor nicht mit Sicherheit sagen, wohin sich die Hunde entwickeln würden, wenn menschliche abrupt durch natürliche Auslese ersetzt würde. Die Antworten sind selten einfach und direkt – und gerade darum stellen unsere Fragen einen großartigen Ausgangspunkt für ein spekulativbiologisches Gedankenexperiment dar!

Die Macht der Vorstellungskraft

Eine imaginäre Reise in posthumane Hundewelten ist reich an Material für heutige Hundewissenschaftler. Obwohl wir überall auf die Vierbeiner treffen, gibt es noch viel über sie zu lernen. Wir hoffen, die Vorstellung, dass Hunde unter den „unnatürlichsten" Tieren überhaupt sind und nur „natürliche" Tiere wissenschaftliche Aufmerksamkeit verdienen, widerlegt zu haben. Hunde sind ebenso natürlich wie Wölfe, Kojoten und andere Kaniden. Ihre Biologie und ihr Verhalten sind kein bisschen weniger interessant. Sie sollten ihren wohlverdienten Platz in *Canids of the World* einnehmen und verdienen mehr als nur einen kurzen Absatz!

Nichtsdestotrotz ist es wichtig, zu betonen, dass Hunde die Wissenschaftler vor eine ganze Reihe Herausforderungen stellen. So leben sie beispielsweise in ganz unterschiedlichen ökologischen Nischen: Mit der Milliarde Hunde, die heute die Welt bevölkert, gehen ebenso viele verschiedene Lebensweisen einher. Hunde bedienen sich einer Reihe unterschiedlicher Überlebensstrategien. Sie sind sowohl künstlicher als auch natürlicher Selektion ausgesetzt – zwei rote Fäden der Evolution, die hoffnungslos miteinander verheddert sind. Erschwert diese Tatsache die Hundeforschung? Und ob! Aber Wissenschaftler erforschen Adeliepinguine in der Antarktis, schwer zu beobachtende nachtaktive Vielfraße in den verschneitesten, abgelegensten Regionen Montanas, Vögel, die an Klippen über Abgründen von über 100 Metern nisten, und Würmer am Grund der tiefsten Ozeane. Sind Wissenschaftler einfallsreich genug, diese Arten zu erforschen, so sollten sie auch die nötige Kreativität besitzen, um Hunde zu studieren!

Welche Studien sollten heute durchgeführt werden? Unter den wichtigsten Forschungsthemen finden sich:

- Lebenszyklusmerkmale und Trade-offs
- Wie Hunde verschiedene Ökosysteme und ihre jeweiligen Nischen navigieren
- Das natürliche Verhaltensrepertoire und wie sich dieses in einer Welt mit wenigen oder ohne Menschen verändert
- Wie Hunde sich im Laufe der Zeit von uns abnabeln könnten.

Lebenszyklusstudien an *Canis lupus familiaris* könnten uns einen besseren Einblick in Paarungsstrategien, die Rolle von Vätern und Helfern in der Aufzucht der Jungtiere, Muster räumlicher Nutzung, Nahrungsökologie und in die Beziehung zwischen Körpergröße und Habitat gewähren. Der beste Ansatz, um abzuschätzen, wie es den Hunden ohne uns erginge und wie ihr Leben aussähe, besteht darin, Freigänger und verwilderte Hunde rund um die Welt zu erforschen. Wissenschaftler, die sich bereits heute mit diesem Thema befassen – und auf deren Ergebnisse wir uns in diesem Buch beziehen – sammeln Daten, die uns erlauben, weniger zu spekulieren und stattdessen belegbare Hypothesen aufzustellen. Derartige Forschungsergebnisse ergänzen Lebenszyklusstudien und stellen Ammenmärchen zur Identität und Lebensweise von Freigängern richtig.

Ammenmärchen und Mythen ranken sich nicht nur um Freigänger und verwilderte Tiere, sondern auch um Familienhunde. Diese schränken die ethologische Hundeforschung oft insofern ein, als dass sie die Art der Forschungsfragen und Daten, auf welche die Wissenschaftler achten, stark limitieren. Eine dieser selten in Frage gestellten Annahmen ist, dass die natürliche Umgebung bzw. ökologische Nische der Hunde das menschliche Zuhause sei. Wie wir im Laufe dieses Buches immer wieder zeigen, lässt sich die „natürliche Heimat" der Hunde gar nicht so leicht festmachen. Sie besetzen die unterschiedlichsten Nischen rund um die Welt. Manche davon überschneiden sich vollständig oder teilweise mit dem menschlichen Zuhause – andere nicht. Auch kann sich ein menschliches Zuhause selbst so stark vom nächsten unterscheiden wie die Sahara von der Antarktis. Dazu kommt, dass viele Hunde im Laufe ihres Lebens mehr als nur eine einzige Nische bewohnen. Ein Familienhund, der ausgesetzt wird und sich auf der Straße durchschlägt, ist nur eines – das deutlichste – von vielen Beispielen.

Die Hunde-Kognitionsforschung beschränkt sich großteils auf Familienhunde und findet entweder im Labor oder mittels vom Besitzer auszufüllender Fragebögen statt. Das Resultat? Interessante Ergebnisse zu Familienhunden, deren Besitzer dazu neigen, ihre Haustiere für Studien anzumelden und Fragebögen auszufüllen. Anders als in manchen Experimenten, die an Labortieren oder Wildtieren in freier Natur durchgeführt werden, wird den Familienhunden kein Leid zugefügt. Im Labor sind sie Freiwillige, die ihre Zeit zur Verfügung stellen und zumeist Freude an den Aufgaben haben. Sie werden keinen invasiven oder schmerzhaften Versuchen ausgesetzt. Probleme ergeben sich dann, wenn die Resultate auf *alle* oder auch nur auf alle *Familien*hunde umgelegt werden. Der Kontext ist extrem wichtig!

Lässt sich sagen, welche Verhaltensweisen für Hunde „natürlich" sind? Handelt es sich dabei um Dinge, die Familienhunde tun? Um Verhaltensweisen der Wölfe? Oder liegt die Antwort irgendwo dazwischen? Arttypisches Hundeverhalten ist schwieriger zu definieren als Wolfsverhalten, weil weil wir Menschen fast immer die Finger im Spiel haben. Ein Beispiel ist das Pinkeln: Für Wolfsrüden ist es natürlich, ein Bein zu heben, während Wölfinnen sich hinhocken. Auch Hunderüden heben in der Regel ein Bein, während Hündinnen in die Hocke gehen. So weit, so gut. Während es allerdings natürlich für einen Hund wäre, in seinem Revier und Streifgebiet zu pinkeln, erlauben wir Hunden nicht, im Haus, im Vorgarten unserer Nachbarn und an bestimmten anderen Stellen zu markieren – ganz einfach, weil *wir* das nicht wollen. Wir verbieten ihnen zumeist auch, sich in Aas zu wälzen oder in unseren Betten an einem Schweinsohr zu kauen. Ebenso ist es tabu, Löcher im Gemüsegarten zu graben oder auf der Suche nach Sexualpartnern durch die Nachbarschaft zu streunen. Zumindest für Familienhunde ohne Freigänger-Privilegien beginnt die Unterdrückung natürlicher Verhaltensweisen bei der Geburt und erstreckt sich über ein gesamtes Hundeleben. Manches Verhalten zeigen Hunde darum nicht, weil die Menschen an ihrer Seite dies unterbinden. Anderes legen sie nicht an den Tag, weil sie nicht müssen – darunter jagen oder Futter verteidigen. Im Zusammenleben mit uns hat sich das natürliche Verhaltensrepertoire verschoben.

Es wäre faszinierend, die Mechanismen der Abhängigkeit der Hunde vom Menschen besser zu verstehen, was Nahrungsökologie, Paarungsstrategien sowie kognitive und emotionale Kapazitäten betrifft. Zum Beispiel heißt es oft, dass alle Hunde überall auf der Welt zumindest zu einem gewissen Grade auf anthropogene Futterquellen angewiesen sind. Es gibt jedoch zwei Interpretationen dieser Aussage: (a) Hunde brauchen anthropogene Futterressourcen, oder (b) Hunde haben diese erfolgreich für sich erschlossen. Traditionell tendiert die Hundeforschung zu ersterer Interpretation. Dabei ist durchaus denkbar, dass auch die zweite Sichtweise korrekt ist. Diese ergibt eine Reihe anderer Antworten auf die Frage, wie es den Hunden ohne uns erginge.

Bereits heute über die Zukunft nachdenken

Unsere Reise in eine posthumane Zukunft ist nicht nur für Hundeforscher interessant, sondern auch für die Millionen Menschen, die ihr Leben mit einem vierbeinigen Gefährten teilen. Indem wir über eine Zukunft nachdenken, in der Hunde wieder zu wilden Tieren werden, können wir auch jede Menge über die aktuelle Hund-Mensch-Beziehung lernen. Anbei einige der wichtigsten Punkte:

1. Es gibt keinen Universalhund. Wir sollten uns vor Verallgemeinerungen hüten, was das Verhalten der Hunde oder auch nur die Frage betrifft, was gut bzw. schlecht für sie ist. Das Individuum muss im Mittelpunkt stehen.

2. Gewisse Merkmale erleichtern es Tieren, sich an unterschiedliche Situationen anzupassen, und vergrößern die Wahrscheinlichkeit, dass sie auch in einer herausfordernden Zukunft überleben und gedeihen. Ein Szenario, im Zuge dessen maladaptive Merkmale einem Tier dienlich sind, ist kaum vorstellbar – weder in der Gegenwart noch in der Zukunft. Darum sollten wir nicht weiter auf maladaptive Merkmale hin selektieren, die einzig und allein dem Menschen gefallen.

3. Wer sein Leben mit einem Familienhund teilt, sollte in Betracht ziehen, diesem mehr arttypisches Verhalten zu ermöglichen. Mittlerweile verstehen wir besser als zu Beginn dieses Buches, inwiefern Hunde von natürlichen Verhaltensweisen profitieren. Indem wir wissenschaftliche Erkenntnisse in unseren Alltag einfließen lassen, werden wir zu rücksichtsvolleren, verständnisvolleren Partnern. Dabei ist es hilfreich, Hunde als wilde Tiere zu sehen – als Teil verschiedenster Ökosysteme, darunter auch (aber nicht ausschließlich) das menschliche Zuhause. Hunde sind Teil der Natur – sie existieren nicht außerhalb davon.

4. Hunde bewohnen verschiedenste Habitate und leben auf ganz unterschiedliche Art mit Menschen zusammen. Manche – darunter Tierversuchslabore, Hundefleischfarmen und Welpenfabriken – schränken Hunde nahezu vollständig in ihrem Hundsein ein. In anderen Lebensräumen sind die Begrenzungen weniger offensichtlich, bestehen jedoch ebenso und

machen es den Tieren schwer bis unmöglich, ein interessantes Dasein zu führen. Kleine Vierbeiner, die als Mode-Accessoires gekauft werden, auf lackierten Krallen durchs Wohnzimmer trippeln und auf einem Kunstrasenfleckchen in der Ecke ihr Geschäft verrichten, haben selten Gelegenheit, ihr Hundsein auszuleben. Auch Tiere mit Helikopter-Hundemamas und -papas sind oft kaum in der Lage, arttypische Verhaltensweisen zu zeigen.

5. Menschen lieben ihre Hunde auf verschiedenste Art und Weise. Wir können einander das Leben bereichern. Vor allem für uns wirken Hunde auch als Katalyst: Indem sie unser Mitgefühl wecken, ermöglichen sie uns, auch anderen nicht-menschlichen Tieren und unseren Mitmenschen gegenüber Empathie zu empfinden.

Es mag nicht lustig sein, uns eine Welt vorzustellen, in der wir nicht existieren – jedoch spricht viel dafür, dass sich die Hunde ohne uns zurechtfinden und ihr Leben weitergehen würde. Es kann nicht schaden, den Menschen etwas weniger in den Mittelpunkt zu stellen. Dreht sich die Welt nicht mehr um uns, werden sinnvolle, praktische und vor allem *nicht* anthropozentrische Überlegungen möglich.

Hundezukünfte

Wenn wir Menschen über Hunde nachdenken, richten wir den Blick in der Regel auf die Vergangenheit. Wissenschaftler versuchen, zu verstehen, wer Hunde sind, indem sie deren Ursprünge entziffern und fragen, wann, wo und wie Wölfe zu Hunden wurden. Sie sichten archäologische Daten, vergleichen die kleinsten Unterschiede in der Schädelform und am Scheitelkamm fossiler Knochen und hoffen, in der Analyse winziger Hunde- und Wolfs-DNA-Abschnitte Indizien zu finden.

Dabei sind die Forscher nicht die Einzigen, die den Blick in die Vergangenheit richten. Auch wer einen treuen Gefährten an seiner Seite hat, neigt dazu, den Schatten des Wolfs hinter diesem zu erahnen. Wenn wir über dieses Buch sprechen, hören wir häufig: „Die Hunde werden sich ganz einfach in Wölfe zurückverwandeln. Schließlich stammen sie vom Wolf ab!"

Die Evolution läuft allerdings nur in eine Richtung. Sie erstreckt sich in die Zukunft und es gibt kein Zurück. Auch führt kein einzelner, klar erkennbarer und direkter Weg vom Wolf zum Hund. Die Domestizierung erfolgte schrittweise, an verschiedenen Orten parallel und über eine große Zeitspanne hinweg. Wir können nicht sagen, wann genau Wölfe Wolfshunde und Wolfshunde Haushunde wurden. Genau wie es verschiedene Ursprünge domestizierter Hunde gibt, werden sich auch ihre menschenunabhängigen Zukünfte unterschiedlich entfalten. Bereits heute sind verwilderte Hunde näher am posthumanen Hund als jene, die in Stadtwohnungen leben. Sie sind schon jetzt Mitglieder wilder Gemeinschaften. Wohin werden sich die Hunde als Nächstes entwickeln? In eine gänzlich neue und noch nie dagewesene Richtung.

Wird das Verschwinden von *Homo sapiens* das wichtigste Ereignis auf der evolutionären Reise der Vierbeiner sein? Ja. Ist der Kontakt mit Menschen ein notwendiger Teil des Hundedaseins? Nein. Obwohl der Verlust der Menschen eine Katastrophe darstellt, wird die Art der Hunde weiterbestehen.

Wir wünschen uns, dass der Leser aus unserem Buch nicht nur Gedanken zu einer imaginären Zukunft, sondern auch zur Gegenwart mitnimmt. Stellen wir uns vor, wer die Hunde ohne uns sein könnten, so gewinnen wir auch neue Einsichten in unsere aktuelle Beziehung. Wir lernen, wer sie heute sind und wie sich unser Zusammenleben so gestalten lässt, dass beide Seiten profitieren. Darüber nachzudenken, was die Hunde zu gewinnen hätten, wenn die Menschen verschwänden, macht uns darauf aufmerksam, wie wir sie heute in ihrem Hundsein einschränken. Wir erkennen, wie wir ihnen bereits jetzt größere Unabhängigkeit und mehr Freiheiten bieten können. Die enge Partnerschaft von Hunden und Menschen hat die Evolution der Art stark beeinflusst. Ohne uns wären sie nicht, wer sie heute sind. Per Definition ist die Koevolution jedoch keine Einbahnstraße: Auch wir wären ohne unsere vierbeinigen Gefährten nicht, wer wir heute sind.

Viele verschiedene Hundezukünfte liegen im Bereich der Möglichkeiten – und manche sind besser als andere. In jedem Fall ist eine Zukunft ohne Menschen nicht so schlimm, wie sie auf den ersten Blick scheinen mag.

Vielleicht raunen wir dem Hund, der friedlich vor dem Kamin vor sich hin döst, zu: „Was würdest du nur ohne mich machen?" Und vielleicht flüstert dieser ganz leise zurück: „Jede Menge!"

Danksagung

Ein riesengroßes Dankeschön an Christie Henry, die unsere Arbeit seit Jahren unterstützt. Danke, Alison Kalett, dass du Potenzial in unseren ersten Ideen gesehen und uns geholfen hast, diesen Leben einzuhauchen. Danke an Dana Henricks für ihr großartiges (und amüsantes) Lektorat, und an Natalie Baan, Whitney Rauenhorst, Matthew Taylor, Kate Farquhar-Thomson und unser restliches Team an der Princeton University Press. Amron Gravett stellte ein großartiges Index für die englische Ausgabe dieses Buches auf. Danke, Marco Adda, für die Fotos der Freigänger Balis und für die Antworten auf unsere unzähligen Fragen zu diesen bemerkenswerten Tieren. Danke, Sage Madden, für die Fotos von Poppy, dem Hunde-Prototyp der Zukunft. Rick McIntyre, L. David Mech, Douglas Smith und Robert Wayne halfen uns, zu verstehen, was über das Thema Inzucht unter Wölfen bekannt ist. Brad Smith und Brad Purcell lieferten uns wertvolle Einsichten zu Australischen Dingos, und Andrew Rowan hielt uns auf dem Laufenden, was die besten Schätzungen der weltweiten Hundepopulationen betrifft. Wir bedanken uns auch bei Brooks Fahy, Michael W. Fox, Betty Moss, Paul Paquet und Michael Worboys, die uns relevante Texte sendeten, und bei Jonathon Turnbull und Adam Searle für hilfreiche Diskussionen darüber, wie wir die Hunde klassifizieren sollten und was in Tschernobyl tatsächlich vor sich geht. Danke für das Lesen unseres Manuskripts und die hilfreichen Vorschläge, Mark Derr. Letztendlich möchten wir uns noch bei unseren drei anonymen Rezensenten für das ausgesprochen hilfreiche Feedback bedanken.

Bibliographie

Abrantes, Roger. *The Evolution of Canine Social Behavior.* Naperville, IL: Wakan Tanka Publishers, 1997.

Adda, Marco. „Free-Ranging Dogs for a Multispecies Landscape: A Paradigm Shift in an Essential Piece of Human-Animal Coexistence". In *Anthrozoology Studies. Thinking beyond Boundaries*, herausgegeben von I. Frasin, G. Bodi, C. Dinu Vasiliu, 117–34. Bukarest: Pro Universitaria, 2020 (auf Rumänisch). ISBN: 978-606-26-1212-2.

Allan, James R., James E. M. Watson, Moreno Di Marco, Christopher J. O'Bryan, Hugh P. Possingham, Scott C. Atkinson und Oscar Venter, „Hotspots of human impact on threatened terrestrial vertebrates". *PLOS Biology* 17, Nr. 3 (2019): e3000158. https://doi.org/10.1371/journal.pbio.3000158.

Altmann, Jeanne. *Baboon Mothers and Infants.* Cambridge: Harvard University Press, 1980.

American Veterinary Medical Association. „Elective spaying and neutering of pets". Abruf am 15. April 2020. https://www.avma.org/resources-tools/animal-health-and-welfare/elective-spaying-and-neutering-pets.

Andersson, K. „Were there pack-hunting canids in the Tertiary and how can we know". *Paleobiology* 31, Nr. 1 (2005): 56–72.

Arluke, Arnold und Kate Atema. „Roaming Dogs". In The Oxford Handbook of Animal Studies, herausgegeben von Linda Kalof. Oxford Handbooks Online, Juli 2015. https://doi.org/10.1093/oxfordhb/9780199927142.013.9.

Asher, Lucy, Gillian Diesel, Jennifer F. Summers, Paul D. McGreevy, Lisa M. Collins. „Inherited defects in pedigree dogs. Part 1: disorders related to breed standards". *Veterinary Journal* 182 (2009): 402–11. https://doi.org/10.1016/j.tvjl.2009.08.033. PMID: 19836981.

Bar-On, Yinon M., Rob Phillips und Ron Milo. „The biomass distribution on Earth". *Proceedings of the National Academy of Sciences* 115, Nr. 25 (2018): 6506–11. https://doi.org/10.1073/pnas.1711842115.

Barrett, Lisa P., Lauren Stanton, Sarah Benson-Amram. „The cognition of ‚nuisance' species". *Animal Behaviour* 147 (2019): 167–77. https://doi.org/10.1016/j.anbehav.2018.05.005.

Bartos, Ludek, Jitka Bartosová, Helena Chaloupková, Adam Dusek, Lenka Hradecká und Ivona Svobodová. „A sociobiological origin of pregnancy failure in domestic dogs". *Scientific Reports* 6 (2016): 22188. https://doi.org/10.1038/srep22188.

Baum, S., S. Armstrong, T. Ekenstedt, O. Häggström, R. Hanson, K. Kuhlemann, M. Maas, J. Miller, M. Salmela, A. Sandberg, K. Sotala, P. Torres, A. Turchin und R. Yampolskiy. „Long-term trajectories of human civilization". *Foresight* 21, Nr. 1 (2019): 53–83. https://doi.org/10.1108/FS-04-2018-0037.

Beck, Alan M. „The Ecology of ‚Feral' and Free-Roving Dogs in Baltimore". In *The Wild Canids: Their Systematics, Behavioral Ecology and Evolution*, herausgegeben von Michael W. Fox, 380–90. New York: Litton, 1975.

Beck, Alan M. *The Ecology of Stray Dogs: A Study of Free-Ranging Urban Animals.* West Lafayette, IN: Purdue University Press, 1973.

Bekoff, Marc. *Canine Confidential: Why Dogs Do What They Do.* Chicago: Chicago University

Press, 2018.
Anmerkung der Übersetzerin: Dieses Buch ist auf Deutsch unter dem Titel *Feldstudien auf der Hundewiese* im Kynos-Verlag erschienen (2018).

Bekoff, Marc. „Dog Breeds Don't Have Distinct Personalities". *Psychology Today*, https://www.psychologytoday.com/us/blog/animal-emotions/201901/dog-breeds-dont-have-distinct-personalities.

Bekoff, Marc. „Dumping the dog domestication dump theory once and for all". *Psychology Today* (Blog), 11. November 2018. https://www.psychologytoday.com/us/blog/animal-emotions/201811/dumping-the-dog-domestication-dump-theory-once-and-all.

Bekoff, Marc. „Mammalian Dispersal and the Ontogeny of Individual Behavioral Phenotypes". *American Naturalist* 111 (1977): 715–32.

Bekoff, Marc. „Socialization in mammals with an emphasis on non-primates". In *Primate biosocial development*, herausgegeben von S. Chevalier-Skolnikoff und F. E. Poirier, 603–36. New York: Garland Publishers, 1977.

Bekoff, Marc und John A. Byers. „The Development of Behavior from Evolutionary and Ecological Perspectives in Mammals and Birds". In *Evolutionary Biology*, herausgegeben von M. K. Hecht, B. Wallace und G. T. Prance, 215–86. Springer, Boston, MA: 1985.

Bekoff, Marc, Thomas J. Daniels und John L. Gittleman. „Life history patterns and the comparative social ecology of carnivores". *Annual Review of Ecology and Systematics* 15 (1984): 191–232.

Bekoff, Marc, Judy Diamond und Jeffry B. Mitton. „Life-history patterns and sociality in canids: Body size, reproduction and behavior". *Oecologia* 50 (1981): 386–90.

Bekoff, Marc und Jessica Pierce. *The Animals' Agenda: Freedom, Compassion and Coexistence in the Human Age*. Boston: Beacon Press, 2017.

Bekoff, Marc. *Unleashing Your Dog: A Field Guide to Giving Your Canine Companion the Best Life Possible*. Novato, CA: New World Library, 2019.

Bekoff, Marc und Michael C. Wells. „Social Ecology and Behavior of Coyotes". *Advances in the Study of Behavior* 16 (1986): 251–338. https://animalstudiesrepository.org/cgi/viewcontent.cgi?article=1036&context=acwp_ena.

Belger, Julia und Juliane Bräuer. „Metacognition in dogs: Do dogs know they could be wrong?" *Learning and Behavior* 46 (2018): 398–413. https://doi.org/10.3758/s13420-018-0367-5.

Belo, V. S., G. L. Werneck, E. S. da Silva, D. S. Barbosa, C. J. Struchiner. „Population Estimation Methods for Free-Ranging Dogs: A Systematic Review". *PLOS ONE* 10, Nr. 12 (2015): e0144830. https://doi.org/10.1371/journal.pone.0144830.

Bensch, Staffan, Henrik Andrén, Bengt Hansson, Hans Chr. Pedersen, Håkan Sand, Douglas Sejberg, Petter Wabakken, Mikael Åkesson und Olof Liberg. „Selection for Heterozygosity Gives Hope to a Wild Population of Inbred Wolves". *PLOS ONE* 1, Nr. 1 (2006): e72. https://doi.org/10.1371/journal.pone.0000072.

Benson-Amram, Sarah, Geoff Gilfillan und Karen McComb. „Numerical assessment in the wild: insights from social carnivores". *Philosophical Transactions of the Royal Society B* 373 (2017): 20160508. http://dx.doi.org/10.1098/rstb.2016.0508.

Benson-Amram, Sarah und Kay E. Holekamp. „Innovative problem solving by wild spotted hyenas". *Proceedings of the Royal Society B: Biological Sciences* (2012): 4087–95. https://doi.org/10.1098/rspb.2012.1450.

Bergström, Anders, Laurent Frantz, Ryan Schmidt, Erik Ersmark, Ophelie Lebrasseur, Linus Girdland-Flink, Audrey T. Lin, Jan Storå, KarlGöran Sjögren, David Anthony et al., „Origins and genetic legacy of prehistoric dogs". *Science* 370, Nr. 6516 (2020): 557–64. https://doi.org/10.1126/science.aba9572.

Bhattacharjee, Debottam, Sarab Mandal, Piuli Shit, Mebin George Varghese, Aayushi Vishnoi und Anindita Bhadra. „Free-Ranging Dogs Are Capable of Utilizing Complex Human Pointing Cues". *Frontiers in Psychology* 10 (2020). https://doi.org/10.3389/fpsyg.2019.02818.

Bhattacharjee, Debottam, Shubhra Sau und Anindita Bhadra. „Free-Ranging Dogs Understand Human Intentions and Adjust Their Behavioral Responses Accordingly". *Frontiers in Ecology and Evolution* 6 (2018). https://www.frontiersin.org/articles/10.3389/fevo.2018.00232/full.

Bielby J., G. M. Mace, O. R. P. Bininda-Emonds, M. Cardillo, J. L. Gittleman, K. E. Jones, C. D. L. Orme und A. Purvis. „The fast-slow continuum in mammalian life history: an empirical reevaluation". *American Naturalist* 169 (2007): 748–57. https://doi.org/10.1086/516847.

Biro, Peter. A. und Judy A. Stamps. „Are animal personality traits linked to life-history productivity?" *Trends in Ecology and Evolution* 23 (2008): 361–68.

Boitani, L. und P. Ciucci. „Comparative social ecology of feral dogs and wolves". *Ethology, Ecology and Evolution* 7 (1995): 49–72.

Boitani, L., F. Francisci, P. Ciucci und G. Andreoli. „Population biology and ecology of feral dogs in central Italy". In *The Domestic Dog*, 2. Ausgabe, herausgegeben von James Serpell, 342–68. Cambridge: Cambridge University Press, 2017.

Boitani, Luigi, Paolo Ciucci und Alessia Ortolani. „Behaviour and Social Ecology of Free-Ranging Dogs". In *The Behavioural Biology of Dogs*, herausgegeben von Per Jensen, 147–65. Oxfordshire, UK: CAB International, 2007.

Bonanni Roberto, Simona Cafazzo, Arianna Abis, Emanuela Barillari, Paola Valsecchi und Eugenia Natoli. „Age-graded dominance hierarchies and social tolerance in packs of free-ranging dogs". *Behavioral Ecology* 28 (2017): 1004–20. https://doi.org/10.1093/beheco/arx059.

Bonanni, Roberto und Simona Cafazzo. „The Social Organization of a Population of Free-Ranging Dogs in a Suburban Area of Rome: A Reassessment of the Effects of Domestication on Dogs' Behaviour". In *The Social Dog: Behaviour and Cognition*, herausgegeben von Juliane Kaminski und Sarah Marshall-Pescini, 65–104. San Diego: Elsevier, 2014.

Bonanni, Roberto, Simona Cafazzo, Paola Valsecchi und Eugenia Natoli. „Effect of affiliative and agonistic relationships on leadership behaviour in free-ranging dogs". *Animal Behaviour* 79 (2010): 981–91.

Bonanni, Roberto, Eugenia Natoli, Simona Cafazzo, Paola Valsecchi. „Free-ranging dogs assess the quantity of opponents in inter-group conflicts". *Animal Cognition* 14 (2011): 103–15.

Bonanni, Roberto, Paola Valsecchi und Eugenia Natoli. „Pattern of individual participation and cheating in conflicts between groups of free-ranging dogs". *Animal Behaviour* 79 (2010): 957–68.

Bostrom, Nick und Milan M. Ćirković. *Global Catastrophic Risks*. Oxford: Oxford University Press, 2008.

Boydston, Erin E., Eric S. Abelson, Ari Kazanjian und Daniel T. Blumstein. „Canid vs. canid: insights into coyote-dog encounters from social media". *Human-Wildlife Interactions* 12, Nr. 2 (2018): 233–42.

Boyko, Adam R. „The domestic dog: man's best friend in the genomic era". *Genome Biology* 12, Nr. 2 (2011): 216.

Bradley P. Smith, Kylie M. Cairns, Justin W. Adams, Thomas M. Newsome, Melanie Fillios, Eloïse C. Déaux, William C. H. Parr, Mike Letnic, Lily M. Van Eeden, Robert G. Appleby et al., „Taxonomic status of the Australian dingo: the case for Canis dingo Meyer, 1793". *Zootaxa* 4564, Nr. 1 (2019): 173–97. https://doi.org/10.11646/zootaxa.4564.1.6.

Brand, Adele. *The Hidden World of the Fox*. New York: William Morrow, 2019. Anmerkung der Übersetzerin: Dieses Buch ist auf Deutsch unter dem Titel *Füchse: Unsere wilden Nachbarn* im C.-H.-Beck-Verlag erschienen (2020).

Brandow, Michael. *A Matter of Breeding: A Biting History of Pedigree Dogs and How the Quest for Status Has Harmed Man's Best Friend*. Boston: Beacon Press, 2015.

Breck, Stewart W., Sharon A. Poessel, Peter Mahoney und Julie K. Young. „The intrepid urban coyote: a comparison of bold and exploratory behavior in coyotes from urban and rural environments". *Scientific Reports* 9 (2019): 2104. https://doi.org/10.1038/s41598-019-38543-5.

Bremner-Harrison, S., P. A. Prodohl und R. W. Elwood. „Behavioural trait assessment as a release criterion: boldness predicts early death in a reintroduction programme of captive-bred swift fox (*Vulpes velox*)". *Animal Conservation* 7 (2004): 313–20.

Bricker, Darrell und John Ibbitson. *Empty Planet: The Shock of Global Population Decline*. New York: Crown, 2019.

Brisbin, I. L. und Thomas S. Risch. „Primitive dogs, their ecology and behavior: Unique opportunities to study the early development of the human-canine bond". *Journal of the American Veterinary Medical Association* 210, Nr. 8 (1997): 1122–26.

Brooks, David G. *The Grass Library: Essays*. Ashland, OR: Ashland Creek Press.

Bryce, Caleb M. und Terrie M. Williams. „Comparative locomotor costs of domestic dogs reveal energetic economy of wolf-like breeds". *Journal of Experimental Biology* 220 (2017): 312–21. https://doi.org/10.1242/jeb.144188.

Bubna-Littitz, Hermann. „Sensory Physiology and Dog Behaviour". In *The Behavioural Biology of Dogs*, herausgegeben von Per Jensen, 91–104. Oxfordshire, UK: CAB International, 2007.

Budaev, Sergey, Christian Jørgensen, Marc Mangel, Sigrunn Eliassen und Jarl Giske. „Decision-Making from the Animal Perspective: Bridging Ecology and Subjective Cognition". *Frontiers in Ecology and Evolution* 7 (2019): 164. https://doi.org/10.3389/fevo.2019.00164.

Burrows, Roger. *Wild Fox*. Taplinger, 1968.

Burt, William Henry. „Territoriality and home range concepts as applied to mammals". *Journal of Mammalogy* 24 (1943): 346–52.

Butler, James R. A., Wendy Y. Brown und Johan T. Du Toit. „Anthropogenic Food Subsidy to a Commensal Carnivore: The Value and Supply of Human Faeces in the Diet of Free-Ranging Dogs". *Animals* 8, Nr. 5 (2018): 67. https://doi.org/10.3390/ani8050067.

Byrne, Richard. *The Thinking Ape: The Evolutionary Origins of Intelligence*. Oxford: Oxford University Press, 1995.

Cafazzo, Simona, Roberto Bonanni, Paola Valsecchi und Eugenia Natoli. „Social variables affecting mate preferences, copulation and reproductive outcome in a pack of free-ranging dogs". *PLOS ONE* 9 (2014): e98594. https://doi.org/10.1371/journal.pone.0098594.

Cafazzo, Simona, Paola Valsecchi, Roberto Bonanni und Eugenia Natoli. „Dominance in relation to age, sex und competitive contexts in a group of free-ranging domestic dogs". *Behavioral Ecology* 21, Nr. 3 (2010): 443–55. https://doi.org/10.1093/beheco/arq001.

Campbell, Clare. *Bonzo's War: Animals under Fire, 1939–1945*. London: Constable, 2014.

Careau, Vincent, Denis Reale, Murray M. Humphries und Donald W. Thomas. „The pace of life under artificial selection: personality, energy expenditure and longevity are correlated in domestic dogs". *American Naturalist* 175, Nr. 6 (2010): 753–58.

Carrasco, Johanna J., Dana Georgevsky, Michael Valenzuela und Paul D. McGreevy. „A pilot study of sexual dimorphism in the head morphology of domestic dogs". *Journal of Veterinary Behavior* 9, Nr. 1 (2014): 43–46.

Carter, Alecia. J., William E. Feeney, Harry H. Marshall, Guy Cowlishaw, Robert Heinsohn. „Animal personality: what are behavioural ecologists measuring?" *Biological Review* 88 (2013): 465–75.

Castelló, José R. *Canids of the World*. Princeton: Princeton University Press, 2018.

Cauchoix Maxime, Alexis S. Chaine und Galdys Barragan-Jason. „Cognition in Context: Plasticity in Cognitive Performance in Response to Ongoing Environmental Variables". *Frontiers in Ecology and Evolution* 8 (2020): 106. https://doi.org/10.3389/fevo.2020.00106.

Chu, Erin T., Missy J. Simpson, Kelly Diehl, Rodney L. Page, Aaron J. Sams und Adam R. Boyko. „Inbreeding depression causes reduced fecundity in Golden Retrievers". *Mammalian Genome* 30 (2019): 166.

Clauset, Aaron und Douglas H. Erwin. „The Evolution and Distribution of Species Body Size". *Science* 321, Nr. 5887 (2008): 399–401.

Cooke, Robert S. C., Felix Eigenbrod und Amanda E. Bates. „Projected losses of global mammal and bird ecological strategies". *Nature Communications* 10, Nr. 1 (2019). https://doi.org/10.1038/s41467-019-10284-z.

Cools, Annamieke. K. A., Alain. J. M Van Hout und Mark. H. J. Nelissen. „Canine reconciliation and third-party-initiated postconflict affiliation: do peacemaking social mechanisms in dogs rival those of higher primates?" *Ethology* 114 (2008): 53–63. https://onlinelibrary.wiley.com/doi/abs/10.1111/j.1439-0310.2007.01443.x.

Corrieri, Luca, Marco Adda, Ádám Miklósi und Eniko Kubinyi. „Companion and free-ranging Bali dogs: Environmental links with personality traits in an endemic dog population of South East Asia". *PLOS ONE* 13, Nr. 6 (2018): e0197354. https://doi.org/10.1371/journal.pone.0197354.

Dagg, Anne Innis. *The Social Behavior of Older Animals*. Baltimore: Johns Hopkins, 2009.

Dale, Rachel, Sylvain Palma-Jacinto, Sarah Marshall-Pescini und Friederike Range. „Wolves, but not dogs, are prosocial in a touch screen task". *PLOS ONE* 14, Nr. 5 (2019): e0215444. https://doi.org/10.1371/journal.pone.0215444.

Dale, Rachel, Friederike Range, Laura Stott, Kurt Kotrschal und Sarah Marshall-Pescini. „The influence of social relationship on food tolerance in wolves and dogs". *Behavioral Ecology and Sociobiology* 71 (2017): 107. https://doi.org/10.1007/s00265-017-2339-8.

Daniela, Sarah E., Rachel E. Fanelli, Amy Gilbert und Sarah BensonAmram. „Behavioral flexibility of a generalist carnivore". *Animal Cognition* 22, Nr. 3 (2019): 387–96. https://doi.org/10.1007/s10071-019-01252-7.

Daniels, Thomas. „Conspecific Scavenging by a Young Domestic Dog". *Journal of Mammalogy* 68, Nr. 2 (1987): 416–18.

Daniels, Thomas. „The Social Organization of Free Ranging Urban Dogs. II. Estrous Groups and the Mating System". *Applied Animal Ethology* 10 (1983): 365–73.

Daniels, Thomas und Marc Bekoff. „Domestication, Exploitation and Rights". In *Explanation, Evolution und Adaptation*, herausgegeben von Marc Bekoff und Dale Jamieson, 345–77. *Interpretation and Explanation in the Study of Animal Behavior* (Band 2). Boulder, CO: Westview Press, 1990.

Daniels, Thomas und Marc Bekoff. „Spatial and Temporal Resource Use by Feral and Abandoned Dogs". *Ethology* 81 (1989): 300–12.

Daniels, Thomas J. und Marc Bekoff. „Population and Social Biology of Free-Ranging Dogs, *Canis familiaris*". *Journal of Mammalogy* 70 (1989): 754–62.

Daniels, Thomas J. und Marc Bekoff. „Feralization: The Making of Wild Domestic Animals". *Behavioural Processes* 19 (1989): 79–94.

Davis, Matt, Søren Faurby und Jens-Christian Svenning. „Mammal diversity will take millions of years to recover from the current biodiversity crisis". *Proceedings of the National Academy of Sciences* 115, Nr. 44 (2018): 11262–67. https://doi.org/10.1073/pnas.1804906115.

Delon, Nicolas. „Pervasive captivity and urban wildlife". *Ethics, Policy and Environment* 23, Nr. 2 (2020): 123–43. https://doi.org/10.1080/21550085.2020.1848173.

Derr, Mark. *Dog's Best Friend: Annals of the Dog-Human Relationship*. Chicago: University of Chicago Press, 2004.

Derr, Mark. *A Dog's History of America: How Our Best Friend Explored, Conquered and Settled a Continent*. Albany, CA: North Point Press, 2004.

Derr, Mark. *How the Dog Became the Dog: From Wolves to Our Best Friends*. New York: Abrams Press, 2011.

Derr, Mark. „Shifting Perspectives on How Dogs Came to Be Dogs". *Psychology Today*, 23. September 2019. Abruf am 15. April 2020. https://www.psychologytoday.com/us/blog/dogs-best-friend/201909/shifting-perspectives-how-dogs-came-be-dogs.

Diamond, Jared. *Upheaval: How Nations Cope with Crisis and Change*. New York: Penguin Books, 2019.

Doherty, Tim S., Chris R. Dickman, Alistair S. Glen, Thomas M. Newsome, Dale G. Nimmo, Euan G. Ritchie, Abi T. Vanak und Aaron J. Wirsing. „The global impacts of domestic dogs on threatened vertebrates". *Biological Conservation* 210 (2017): 56–59.

Donfrancesco, Valerio, Paolo Ciucci, Valeria Salvatori, David Benson, Liselotte Wesley Andersen, Elena Bassi, Juan Carlos Blanco, Luigi Boitani, Romolo Caniglia, Antonio Canu et al., „Unravelling the Scientific Debate on How to Address Wolf-Dog Hybridization in Europe". *Frontiers in Ecology and Evolution* 7 (2019). https://doi.org/10.3389/fevo.2019.00175.

Doomsday Preppers. Sharp Entertainment, NGC Studios/Dominique Andrews, Brian Stone. Die Serie lief vom 7. Februar 2012 bis zum 28. August 2014 auf *National Geographic*. https://www.nationalgeographic.com.au/tv/doomsday-preppers/.

Drea, Christine und Alissa Carter. „Cooperative problem solving in a social carnivore". *Animal Behaviour* 78 (2009): 967–77.

Edmunds, Grace L., Matthew J. Smalley, Sam Beck, Rachel J. Errington, Sara Gould, Helen Winter, Dave C. Brodbelt, Dan G. O'Neill. „Dog breeds and body conformations with predisposition to osteosarcoma in the UK: a case-control study". *Canine Medicine and Genetics* 8 (2021). https://doi.org/10.1186/s40575-021-00100-7.

Faragó, Tamás, Péter Pongrácz, Ádám Miklósi, Ludwig Huber, Zsófia Virányi, Friederike Range. „Dogs' Expectation about Signalers' Body Size by Virtue of Their Growls". *PLOS ONE* 5, Nr. 12 (2010): e15175. https://doi.org/10.1371/journal.pone.0015175.

Fawcett, Anne, Vanessa Barrs, Magdoline Awad, Georgina Child, Laurencie Brunel, Erin Mooney, Fernando Martinez-Taboada, Beth McDonald und Paul McGreevy. „Consequences and Management of Canine Brachycephaly in Veterinary Practice: Perspectives from Australian Veterinarians and Veterinary Specialists". *Animals* (2018). https://www.mdpi.com/2076-2615/9/1/3/htm.

Feddersen-Petersen, Dorit. „Social Behaviour of Dogs and Related Canids". In *The Behavioural Biology of Dogs*, herausgegeben von Per Jensen, 105–19. Oxfordshire, UK: CAB International, 2007.

Font, Enrique. „Spacing and social organization: urban stray dogs revisited". *Applied Animal Behaviour Science* 17 (1987): 319–28. https://doi.org/10.1016/0168-1591(87)90155-9.

Fox, Michael W. *Behaviour of Wolves, Dogs and Related Canids.* New York: Harper & Row, 1972.

Fox, Michael W., Herausgeber. *The Wild Canids: Their Systematics, Behavioral Ecology and Evolution.* New York: Litton, 1975 (Neuauflage 2009 beim Dogwise-Verlag).

Francis, Richard C. *Domesticated: Evolution in a Man-Made World.* New York: W. W. Norton, 2016.

Frantz, Laurent A. F., Victoria E. Mullin, Maud Pionnier-Capitan, Ophélie Lebrasseur, Morgane Ollivier, Angela Perri, Anna Linderholm, Valeria Mattiangeli, Matthew D. Teasdale, Evangelos A. Dimopoulos et al., „Genomic and archaeological evidence suggest a dual origin of domestic dogs". *Science* 352, Nr. 6290 (2016): 1228–31. https://doi.org/10.1126/science.aaf3161.

Fredrickson, Richard J. und Philip W. Hedrick. „Dynamics of hybridization and introgression in red wolves and coyotes". *Conservation Biology* 20 (2006): 1272–83.

Freedman, Adam H., Ilan Gronau, Rena M. Schweizer, Diego Ortega-Del Vecchyo, Eunjung Han, Pedro M. Silva, Marco Galaverni, Zhenxin Fan, Peter Marx, Belen Lorente-Galdos et al., „Genome Sequencing Highlights the Dynamic Early History of Dogs". *PLOS Genetics* 10, Nr. 1 (2014): e1004016. https://doi.org/10.1371/journal.pgen.1004016.

Freedman, Daniel G., John A. King und Oliver Elliot. „Critical Period in the Social Development of Dogs". *Science* 133 (1961): 1016–17. https://doi.org/10.1126/science.133.3457.1016. PMID: 13701603.

Galis, Frietson, Inke Van der Sluijs, Tom J. M. V. Van Dooren, Johan A. J. Metz, Marc Nussbaumer. „Do large dogs die young?" *Journal of Experimental Zoology Part B: Molecular and Developmental Evolution* 308, Nr. 2 (2007): 119–26.

Galov, Ana, Elena Fabbri, Romolo Caniglia, Haidi Arbanasić, Silvana Lapalombella, Tihomir Florijančić, Ivica Bošković, Marco Galaverni und Ettore Randi. „First evidence of hybridization between golden jackal (*Canis aureus*) and domestic dog (*Canis familiaris*) as revealed by genetic markers". *Royal Society Open Science* 2, Nr. 12 (2015): 150450. https://royalsocietypublishing.org/doi/10.1098/rsos.150450.

Gamborg, Christian, Bart Gremmen, Stine B. Christiansen und Peter Sandøe. „De-Domestication: Ethics at the Intersection of Landscape Restoration and Animal Welfare". *Environmental Values* 19, Nr. 1 (2010): 57–78. https://doi.org/10.3197/096327110X485383.

Gardner, Howard. *Frames of Mind: The Theory of Multiple Intelligences.* New York: Basic Books, 1983.
Anmerkung der Übersetzerin: Dieses Buch ist auf Deutsch unter dem Titel *Intelligenzen: Die Vielfalt des menschlichen Geistes* im Klett-Cotta-Verlag erschienen (3. Ausgabe 2008).

Geffen, Eli, Michael Kam, Reuven Hefner, Pall Hersteinsson, Anders Angerbjörn, Love Dalèn, Eva Fuglei, Karin Norèn, Jennifer. R. Adams, John Vucetich et al., „Kin encounter rate and inbreeding avoidance in canids". *Molecular Ecology* (2011): 5348–56. https://www.ncbi.nlm.nih.gov/pubmed/22077191.

Ghosh, B., D. K. Choudhuri und B. Pal. „Some aspects of the sexual behaviour of stray dogs, *Canis familiaris*". *Applied Animal Behaviour Science* 13, Nr. 1–2 (1984): 113–27.

Gibson, Johanna. *Owned, An Ethological Jurisprudence of Property: From the Cave to the Commons.* Milton Park, Abingdon-on-Thames, Oxfordshire, UK: Routledge, 2020.

Girman, Derek. J., M. G. L. Mills, Eli Geffen und Robert. K. Wayne. „A molecular genetic analysis of social structure, dispersal and interpack relationships of the African wild dog (*Lycaon pictus*)". *Behavioral Ecology and Sociobiology* 40 (1997): 187–98.

Gomes da Silva, Roberto und Alex Sandro Campos Maia. *Principles of Animal Biometeorology.* Dordrecht, Niederlande: Springer, 2013.

Gompert, Zachariah und C. Alex Buerkle. „What, if anything, are hybrids: enduring truths and challenges associated with population structure and gene flow". *Evolutionary Applications* 9 (2016): 909–23. https://doi.org/10.1111/eva.12380.

Gompper, Matthew E. „The dog-human-wildlife interface: assessing the scope of the problem". In *Free-Ranging Dogs and Wildlife Conservation*, herausgegeben von Matthew E. Gompper, 9–54. Oxford: Oxford University Press, 2014.

Gompper, Matthew E. *Free-Ranging Dogs and Wildlife Conservation.* Oxford: Oxford University Press, 2014.

Goodwin, Deborah, John W. S. Bradshaw und Stephen M. Wickens. „Paedomorphosis affects agonistic visual signals of domestic dogs". *Animal Behaviour* 53 (1997): 297–304.

Griffin, Donald. *Animal Minds.* Chicago: University of Chicago, Press, 1992.

Haraway, Donna J. *When Species Meet.* Minneapolis: University of Minnesota Press, 2008.

Harrison, Richard G. und Erica L. Larson. „Hybridization, Introgression und the Nature of Species Boundaries". *Journal of Heredity* 105 (2014): 795–809.

Healy, Kevin, Thomas H. G. Ezard, Owen R. Jones, Roberto SalgueroGómez und Yvonne M. Buckley. „Animal life history is shaped by the pace of life and the distribution of age-specific mortality and reproduction". *Nature Ecology and Evolution* 3 (2019): 1217–24. https://doi.org/10.1038/s41559-019-0938-7.

Hecht, Erin E., Jeroen B. Smaers, William J. Dunn, Marc Kent, Todd M. Preuss und David A. Gutman. „Significant neuroanatomical variation among domestic dog breeds". *Journal of Neuroscience* 2 (2019): 303–19. https://doi.org/10.1523/JNEUROSCI.0303-19.2019.

Heid, Markham. „How Dogs Would Fare without Us". *Time* special issue, „How Dogs Thin". (2018): 60–65.

Hemmer, Helmut. *Domestication: The Decline of Environmental Appreciation*. Übersetzt von Neil Beckhaus. Cambridge: Cambridge University Press, 1990.
Anmerkung der Übersetzerin: Dieses Buch ist auf Deutsch unter dem Titel *Domestikation: Verarmung der Merkwelt* im Vieweg-Verlag erschienen (1983).

Henry, J. David. *Red Fox: The Catlike Canine*. Washington, DC: Smithsonian Institution Press, 1986.

Heppenheimer, Elizabeth, Kristin E. Brzeski, Ron Wooten, William Waddell, Linda Y. Rutledge, Michael J. Chamberlain, Daniel R. Stahler, Joseph W. Hinton und Bridgett M. VonHoldt. „Rediscovery of Red Wolf Ghost Alleles in a Canid Population along the American Gulf Coast". *Genes* 9, Nr. 12 (2018). https://doi.org/10.3390/genes9120618.

Herborn, Katherine A., Ross MacLeod, Will T. S. Miles, Anneka N. B. Schofield, Lucile Alexander und Kathryn E. Arnold. „Personality in captivity reflects personality in the wild". *Animal Behaviour* 79 (2010): 835–43.

Hernandez-Avalos, Ismael Daniel Mota-Rojas, Patricia Mora-Medina, Julio Martínez-Burnes, Alejandro Casas Alvarado, Antonio VerduzcoMendoza, Karina Lezama-García und Adriana Olmos-Hernandez. „Review of different methods used for clinical recognition and assessment of pain in dogs and cats". *International Journal of Veterinary Science and Medicine* 7, Nr. 1 (2019): 43–54.

Herzog, Hal. „Is a Love of Dogs Mostly a Matter of Where You Live? Global dog demographics show the impact of culture on human-pet relationships". *Psychology Today*. Abruf am 14. April 2020. https://www.psychologytoday.com/us/blog/animals-and-us/201908/is-love-dogs-mostly-matter-where-you-live.

Hiby, Elly F., Nicola J. Rooney und John W. S. Bradshaw. „Behavioural and physiological responses of dogs entering re-homing kennels". *Physiology and Behavior* 89 (2006): 385–91.

Høgåsen, H. R, C. Er, A. Di Nardo und P. Dalla Villa. „Free-roaming dog populations: A cost-benefit model for different management options, applied to Abruzzo, Italy". *Preventive Veterinary Medicine* 112, Nr. 3–4 (2013): 401–13. https://doi.org/10.1016/j.prevetmed.2013.07.010. PMID: 23973012.

Holekamp, Kay E. und Sarah Benson-Amram. „The evolution of intelligence in mammalian carnivores". *Interface Focus* 7 (2017): 20160108. Horowitz, Alexandra, Herausgeberin. *Domestic Dog Cognition and Behavior: The Scientific Study of Canis Familiaris*. New York: Springer 2014.

Horschler, Daniel J., Brian Hare, Josep Call, Juliane Kaminski, Ádám Miklósi und Evan L MacLean. „Absolute brain size predicts dog breed differences in executive function". *Animal Cognition* 22 (2019): 187–98. https://doi.org/10.1007/s10071-018-01234-1.

Horváth, Zsuzsánna, Igyártó Botond-Zoltán, Attila Magyar und Ádám Miklósi. „Three different coping styles in police dogs exposed to a short-term challenge". *Hormones and Behavior* 52, Nr. 5 (2007): 621–30.

Hunter, Luke. *Carnivores of the World*. Princeton: Princeton University Press, 2018.

Inoue, Mai, A. Hasegawa, Y. Hosoi und K. Sugiura. „A current life table and causes of death for insured dogs in Japan". *Preventive Veterinary Medicine* 120, Nr. 2 (2015): 210–18.

Jensen, Per. *The Behavioural Biology of Dogs*. Oxfordshire, UK: CAB International, 2007.

Jensen, Per. „Mechanisms and Function in Behaviour". In *The Behavioural Biology of Dogs*, herausgegeben von Per Jensen, 61–75. Oxfordshire, UK: CAB International, 2007.

Jensen, Per, Mia Persson, Dominic Weight, Martin Johnsson, Ann-Sofie Sundman und Lina Roth. „The Genetics of How Dogs Became Our Social Allies". *Current Directions in Psychological Science* 25, Nr. 5 (2016): 334–38.

Johnson-Ulrich, Lily, Sarah Benson-Amram und Kay E. Holekamp. „Fitness Consequences of Innovation in Spotted Hyenas". *Frontiers in Ecology and Evolution* 22 (2019). https://doi.org/10.3389/fevo.2019.00443.

Johnston, Angie M., Courtney Turrin, Lyn Watson, Alyssa M. Arre und Laurie R. Santos. „Uncovering the origins of dog-human eye contact: dingoes establish eye contact more than wolves, but less than dogs". *Animal Behaviour* 133 (2017): 123–29.

Jones, Amanda und Samuel D. Gosling. „Temperament and personality in dogs (*Canis familiaris*): A review and evaluation of past research". *Applied Animal Behaviour Science* 95 (2005): 1–53.

Jung, Christoph und Daniela Pörtl. „Scavenging Hypothesis: Lack of Evidence for Dog Domestication on the Waste Dump". *Dog Behavior* 2 (2018): 41–56.

Kaminski, Juliane und Sarah Marshall-Pescini, *The Social Dog: Behaviour and Cognition*. San Diego, CA: Elsevier, 2014.

Kaminski, Juliane, Bridget M. Waller, Rui Diogo, Adam Hartstone-Rose und Anne M. Burrows. „Evolution of facial muscle anatomy in dogs". *Proceedings of the National Academy of Sciences* 116, Nr. 29 (2019) 14677–81. https://doi.org/10.1073/pnas.1820653116.

Kean, Hilda. *The Great Dog and Cat Massacre: The Real Story of World War Two's Unknown Tragedy*. Chicago: University of Chicago Press, 2017.

Kitchtenham, Kate. *Streunerhunde: Von Moskaus U-Bahn-Hunden bis Indiens Underdogs*. Stuttgart: Franckh-Kosmos, 2020.

Kjelgaard, Jim. *Desert Dog*. New York: Bantam Skylark, 1979.

Koolhaas, J. M., S. M. Korte, S. F. De Boer, B. J. Van Der Vegt, C. G. Van Reenen, H. Hopster, I. C. De Jong, M. A. W. Ruis und H. J. Blokhuis. „Coping styles in animals: current status in behavior and stressphysiology". *Neuroscience and Biobehavioral Reviews* 23, Nr. 7 (1999): 925–35.

Kopaliani, Natia, Maia Shakarashvili, Zurab Gurielidze, Tamar Qurkhuli und David Tarkhnishvili. „Gene flow between wolf and shepherd dog populations in Georgia (Caucasus)". *Journal of Heredity* 105, Nr. 3 (2014): 345–53.

Kraus, Cornelia, Samuel Pavard und Daniel E. L. Promislow, „The Size-Life Span Trade-Off Decomposed: Why Large Dogs Die Young". *American Naturalist* 181, Nr. 4 (April 2013): 492–505.

Kronfeld-Schor, Noga, Guy Bloch und William J. Schwartz. „Animal clocks: when science meets nature". *Proceedings. Biological sciences* 280, Nr. 1765 (2013): 20131354. https://doi.org/10.1098/rspb.2013.1354.

Lark, Karl G., Kevin Chase und Nathan B. Sutter. „Genetic architecture of the dog: sexual size dimorphism and functional morphology". *Trends in Genetics* 22, Nr. 10 (2006): 537–44. https://doi.org/10.1016/j.tig.2006.08.009.

Larson, Rachel N., Justin L. Brown, Tim Karels, Seth P. D. Riley. „Effects of urbanization on resource use and individual specialization in coyotes (*Canis latrans*) in southern California". *PLOS ONE* 15, Nr. 2 (2020): e0228881. https://doi.org/10.1371/journal.pone.0228881.

Lazzaroni, Martina, Friederike Range, Jessica Backes, Katrin Portele, Katharina Scheck, Sarah Marshall-Pescini. „The Effect of Domestication and Experience on the Social Interaction of Dogs and Wolves With a Human Companion". *Frontiers in Psychology*, 11 (2020): 785. https://doi.org/10.3389/fpsyg.2020.00785.

Lazzaroni, Martina, Friederike Range, Lara Bernasconi, Larissa Darc, Maria Holtsch, Roberta Massimei, Akshay Rao und Sarah MarshallPescini. „The role of life experience in affecting persistence: A comparative study between free-ranging dogs, pet dogs and captive pack dogs". *PLOS ONE* 14, Nr. 4 (2019): e0214806. https://doi.org/10.1371/journal.pone.0214806.

Lemaître, Jean-François, Victor Ronget, Morgane Tidière, Dominique Allainé, Vérane Berger, Aurélie Cohas, Fernando Colchero, Dalia A. Conde, Michael Garratt, András Liker, Gabriel A. Marais, Alexander Scheuerlein, Tamás Székely und Jean-Michel Gaillard. „Sex differences in adult lifespan and aging rates of mortality across wild mammals". *Proceedings of the National Academy of Sciences* (2020): 201911999. https://doi.org/10.1073/pnas.1911999117.

Lescureux, Nicolas und John D. C. Linnell. „Warring brothers: The complex interactions between wolves (*Canis lupus*) and dogs (*Canis familiaris*) in a conservation context". *Biological Conservation* 171 (2014): 232–45. https://doi.org/10.1016/j.biocon.2014.01.032.

Leyhausen, Paul. „The Communal Organization of Solitary Animals". *Symposia of the Zoological Society of London* 14 (1965): 249–62.

Li, Yan, Bridgett M. Vonholdt, Andy Reynolds, Adam R. Boyko, Robert K. Wayne, Dong-Dong Wu und Ya-Ping Zhang, „Artificial Selection on Brain-Expressed Genes during the Domestication of Dog". *Molecular Biology and Evolution* 30, Nr. 8 (2013): 1867–76. https://doi.org/10.1093/molbev/mst088.

Lockyear, K. M., W. T. Waddell, K. L. Goodrowe und S. E. MacDonald. „Retrospective Investigation of Captive Red Wolf Reproductive Success in Relation to Age and Inbreeding". *Zoo Biology* 28 (2009): 214–29.

Lord, Kathryn, Mark Feinstein und Bradley Smith, Raymond Coppinger. „Variation in reproductive traits of members of the genus *Canis* with special attention to the domestic dog (*Canis familiaris*)". *Behavioral Processes* 92 (2013): 131–42. https://doi.org/10.1016/j.beproc.2012.10.009.

Lorenz, Konrad. *Man Meets Dog*. New York: Routledge, 2002.
Anmerkung der Übersetzerin: Dieses Buch ist auf Deutsch unter dem Titel *So kam der Mensch auf den Hund* im dtv-Verlag erhältlich (1998; Erstausgabe 1949).

Lorimer, Jamie. *Wildlife in the Anthropocene: Conservation after Nature*. Minneapolis: University of Minnesota Press, 2015.

Losos, Jonathan. *Improbable Destinies: Fate, Chance und the Future of Evolution*. New York: Riverhead Books, 2017.

MacArthur, Robert H. und Edward O. Wilson. *The Theory of Island Biogeography*. Princeton: Princeton University Press, 1967.

Macdonald, D. W. und G M. Carr. „Variation in dog society: between resource dispersion and social flux". In *The Domestic Dog*, 2. Ausgabe, herausgegeben von James Serpell, 319–41. Cambridge: Cambridge University Press, 2017.

Macdonald, David, Scott Creel und Michael G. H. Mills. „Canid Society". In *Biology and Conservation of Wild Canids*, herausgegeben von David W. Macdonald und Claudio Sillero-Zubiri, 85–106. New York: Oxford University Press, 2004.

Macdonald, David W. und Claudio Sillero-Zubili, Herausgeber. *The Biology and Conservation of Wild Canids.* New York: Oxford University Press, 2004.

Macdonald, David. W., Liz. A. D. Campbell, Jan. F. Kamler, Jorgelina Marino, Geraldine Werhahn und Claudio Sillero-Zubiri. „Monogamy: Cause, Consequence, or Corollary of Success in Wild Canids". *Frontiers in Ecology and Evolution* 7 (2019): 341. https://doi.org/10.3389/fevo.2019.00341.

Maglieri, Veronica, Filippo Bigozzi, Marco Germain Riccobono und Elisabetta Palagi. „Levelling playing field: synchronization and rapid facial mimicry in dog-horse play". *Behavioural Processes* 174 (2020): 104104. https://doi.org/10.1016/j.beproc.2020.104104.

Majumder, Sreejani Sen und Anindita Bhadra. „When Love Is in the Air: Understanding Why Dogs Tend to Mate When It Rains". *PLOS ONE* 10, Nr. 12 (2015). https://journals.plos.org/plosone/article?id=10.1371/journal.pone.0143501.

Majumder, Sreejani Sen, Paul Manabi, Sau Shubhra und Anindita Bhadra. „Denning habits of free-ranging dogs reveal preference for human proximity". *Scientific Reports* 6 (2016): 32014.

Marshall-Pescini, Sarah, Franka S. Schaebs, Alina Gaugg, Anne Meinert, Tobias Deschner und Friederike Range. „The Role of Oxytocin in the Dog-Owner Relationship". *Animals* 9 (2019): 792. https://www.mdpi.com/2076-2615/9/10/792.

Marshall-Pescini, Sarah, Jonas F. L. Schwarz, Inga Kostelnik, Zsófia Virányi und Friederike Range. „Importance of a species' socioecology: Wolves outperform dogs in a conspecific cooperation task". *Proceedings of the National Academy of Sciences* 114 (2017): 11793–98. https://www.pnas.org/content/114/44/11793.

Marshall-Pescini, Sarah, Paola Valsecchi, Irena Petak, Pier. Attilio Accorsi, Emanuela. P. Previde. „Does training make you smarter? The effects of training on dogs' performance (*Canis familiaris*) in a problem solving task". *Behavioural Processes* 78, Nr. 3 (2008): 449–54. PMID: 18434043.

Matter, Hans und Thomas Daniels, „Dog Ecology and Population Biology". In *Dogs, Zoonoses und Public Health*, herausgegeben von Calum Macpherson, François Meslin und Alexander Wandeler, 17–62. New York: CABI Publishing, 2000.

McCain, Christy M. und Sarah R. King. „Body size and activity times mediate mammalian responses to climate change". *Global Change Biology* 20, Nr. 6 (2014): 1760–69. https://doi.org/10.1111/gcb.12499.

McGreevy, Paul, Tanya D. Grassi und Alison M. Harman. „A strong correlation exists between the distribution of retinal ganglion cells and nose length in the dog". *Brain and Behavioral Science* 63, Nr. 1 (2004): 13–22.

McIntyre, Rick. *The Rise of Wolf 8: Witnessing the Triumph of Yellowstone's Underdog.* New York: Greystone, 2019.

McIntyre, R., J. B. Theberge, M. T. Theberge, D. W. Smith. „Behavioral and ecological implications of seasonal variation in the frequency of daytime howling by Yellowstone wolves". *Journal of Mammalogy* 98, Nr. 3 (2017): 827–34. https://doi.org/10.1093/jmammal/gyx034.

Mech, David. „Disproportionate Sex Ratios of Wolf Pups". *Journal of Wildlife Management* 39, Nr. 4 (1975): 737–40.

Mech, L. David. *The Wolf: The Ecology and Behavior of an Endangered Species.* Minneapolis: University of Minnesota Press, 1981.

Mech, L. David und Luigi Boitani, Herausgeber. *Wolves: Behavior, Ecology and Conservation.* University of Chicago Press: Chicago, 2003.

Miklósi, Ádám. *Dog Behaviour: Evolution and Cognition*, 2. Ausgabe New York: Oxford University Press, 2016.
Anmerkung der Übersetzerin: Dieses Buch ist auf Deutsch unter dem Titel *Hunde – Evolution, Kognition und Verhalten* im Kosmos-Verlag erschienen (2011).

Miklósi, Ádám. „Human-Animal Interactions and Social Cognition in Dogs". In *The Behavioural Biology of Dogs*, herausgegeben von Per Jensen, 207–22. Oxfordshire, UK: CAB International, 2007.

Miklósi, Ádám, Enikö Kubinyi, József Topál, Márta Gácsi, ZsófiaVirányi und Vilmos Csány. „A Simple Reason for a Big Difference: Wolves Do Not Look Back at Humans, but Dogs Do". *Current Biology* 13, Nr. 9 (2003): 763–66.

Miternique, Capellà Hugo und Florence Gaunet. „Coexistence of Diversified Dog Socialities and Territorialities in the City of Concepción, Chile". *Animals* 10 (2020): 298.

Morey, Darcy F. *Dogs: Domestication and the Development of a Social Bond.* Cambridge: Cambridge University Press, 2010.

Mugford, Roger. „Behavioural Disorders". In *The Behavioural Biology of Dogs*, herausgegeben von Per Jensen, 225–42. Oxfordshire, UK: CAB International, 2007.

Müller, Corsin A., Christina Mayer, Sebastian Dörrenberg, Ludwig Huber und Friederike Range. „Female but not male dogs respond to a size constancy violation". *Biology Letters* 7, Nr. 5 (2011): 689–91. https://doi.org/10.1098/rsbl.2011.0287.

Nagasawa, Miho, Shouhei Mitsui, Shiori En, Nobuyo Ohtani, Mitsuaki Ohta, Yasuo Sakuma, Tatsushi Onaka, Kazutaka Mogi, Takefumi Kikusui. „Social evolution. Oxytocin-gaze positive loop and the coevolution of human-dog bonds". *Science* 348, Nr. 6232 (2015): 333–36. https://doi.org/10.1126/science.1261022.

Nesbitt, William H. „Ecology of a Feral Dog Pack on a Wildlife Refuge". In *The Wild Canids: Their Systematics, Behavioral Ecology and Evolution*, herausgegeben von Michael W. Fox, 391–96. New York: Litton, 1975.

Nicholas, Frank W., Elizabeth R. Arnott, Paul D. McGreevy. „Hybrid vigour in dogs". *Veterinary Journal* 214 (2016): 77–83.

Packard, Jane M., Ulysses S. Seal, L. David Mech und Edward D. Plotka. „Causes of Reproductive Failure in Two Family Groups of Wolves (*Canis lupus*)". *Zeitschrift für Tierpsychologie* 68 (1985): 24–40. https://doi.org/10.1111/j.1439-0310.1985.tb00112.x.

Packer, Rowena M. A., Anke Hendricks, Michael. S. Tivers, Charlotte. C. Burn. „Impact of Facial Conformation on Canine Health: Brachycephalic Obstructive Airway Syndrome". *PLOS ONE* 10, Nr. 10 (2015): e0137496. https://doi.org/10.1371/journal.pone.0137496.

Packer, Rowena. M. A., Anke Hendricks, Holger. A. Volk, Nadia. K. Shihab, Charlotte. C. Burn. „How Long and Low Can You Go? Effect of Conformation on the Risk of Thoracolumbar Intervertebral Disc Extrusion in Domestic Dogs". *PLOS ONE* 8, Nr. 7 (2013): e69650. https://doi.org/10.1371/journal.pone.0069650.

Pal, Sunil Kumar. „Factors influencing intergroup agonistic behaviour in free-ranging domestic dogs (*Canis familiaris*)". *Acta Ethologica* 18 (2015): 209–20.

Pal, Sunil Kumar. „Mating system of free-ranging dogs (*Canis familiaris*)". *International Journal of Zoology* (2011): 1–10.

Pal, Sunil Kumar. „Parental care in free-ranging dogs, *Canis familiaris*". *Applied Animal Behaviour Science* 90, Nr. 1 (2005): 31–47.

Pal, Sunil Kumar. „Play behaviour during early ontogeny in free-ranging dogs (*Canis familiaris*)". *Applied Animal Behaviour Science* 126, Nr. 3–4 (2010): 140–53.

Pal, Sunil Kumar. „Population ecology of free-ranging urban dogs in West Bengal, India". *Acta Theriologica* 46, Nr. 2 (2001): 69–78.

Pal, S. K., B. Ghosh, S. Roy. „Agonistic behaviour of free-ranging dogs (*Canis familiaris*) in relation to season, sex and age". *Applied Animal Behaviour Science* 59, Nr. 4 (1998): 331–48.

Pal, S. K., B. Ghosh, S. Roy. „Inter- and intra-sexual behaviour of free-ranging dogs (*Canis familiaris*)". *Applied Animal Behaviour Science* 62 (1999): 267–78.

Pal, S. K., S. Roy und B. Ghosh. „Pup rearing: the role of mothers and allomothers in free-ranging domestic dogs". *Applied Animal Behaviour Science* 234 (2020). https://doi.org/10.1016/j.applanim.2020.105181.

Palagi, Elisabetta und Giada Cordoni. „Postconflict third-party affiliation in *Canis lupus*: do wolves share similarities with the great apes?" *Animal Behaviour* 78 (2009): 979–86. https://doi.org/10.1016/j.anbehav.2009.07.017.

Palagi, Elisabetta, Velia Nicotra und Giada Cordoni. „Rapid mimicry and emotional contagion in domestic dogs". *Royal Society Open Science* 2, Nr. 12 (2015): 150505. https://doi.org/10.1098/rsos.150505.

Parker, Heidi G., Alexander Harris, Dayna L. Dreger, Brian W. Davis und Elaine A. Ostrander. „The bald and the beautiful: hairlessness in domestic dog breeds". *Philosophical transactions of the Royal Society of London. Series B, Biological sciences* 372, Nr. 1713 (2017): 20150488. https://doi.org/10.1098/rstb.2015.0488.

Paschoal, Ana Maria, Rodrigo L. Massara, Larissa Bailey, Paul F. Doherty Jr., Paloma M. Santos, Adriano Paglia, Andre Hirsch und Adriano G. Chiarello. „Anthropogenic Disturbances Drive Domestic Dog Use of Atlantic Forest Protected Areas". *Tropical Conservation Science* 11 (2018): 1–14.

Paul, Manabi und Anindita Bhadra. „The great Indian joint families of free-ranging dogs". *PLOS ONE* 13, Nr. 5 (2018). https://journals.plos.org/plosone/article?id=10.1371/journal.pone.0197328.

Paul, Manabi, Sreejani Sen Majumder, Shubhra Sau, Anjan K. Nandi und Anindita Bhadra. „High early life mortality in free-ranging dogs is largely influenced by humans". *Scientific Reports* 6 (2016): 19641. https://doi.org/10.1038/srep19641.

Pérez-Manrique, Ana und Antoni Gomila. „The comparative study of empathy: sympathetic concern and empathic perspective-taking in non-human animals". *Biological Reviews* 93 (2018): 248–69.

Perry, Laura R., Bernard MacLennan, Rebecca Korven und Timothy A. Rawlings. „Epidemiological study of dogs with otitis externa in Cape Breton, Nova Scotia". *Canadian Veterinary Journal/La Revue vétérinaire canadienne* 58, Nr. 2 (2017): 168–74.

„Pets by the Numbers". HumanePro. Abruf am 15. April 2020. https://humanepro.org/page/pets-by-the-numbers.

Pierce, Jessica. „Beyond Humans: Dog Utopia or Dog Dystopia". *Psychology Today* (Blog), 18. Oktober 2018. https://www.psychologytoday.com/ca/blog/all-dogs-go-heaven/201810/beyond-humans-dog-utopia-or-dog-dystopia.

Pierce, Jessica. *Run, Spot, Run: The Ethics of Keeping Pets.* Chicago: University of Chicago Press, 2016.

Pongrácz, Péter und Sára S. Sztruhala. „Forgotten, But Not Lost – Alloparental Behavior and Pup-Adult Interactions in Companion Dogs". *Animals* 9 (2019): 1011.

Price, E. O. „Behavioral development in animals undergoing domestication". *Applied Animal Behaviour Science* 65 (1999): 245–71.

Price, Edward O. „Behavioral Aspects of Animal Domestication". *Quarterly Review of Biology* 59, Nr. 1 (1984): 1–26.

Purcell, Brad. *Dingo.* Collingwood, Australia: CSIRO Publishing, 2010.

Quervel-Chaumette, Mylene, Viola Faerber, Tamás Faragó Sarah Marshall-Pescini, Friederike Range. „Investigating Empathy-Like Responding to Conspecifics' Distress in Pet Dogs". *PLOS ONE* 11, Nr. 4 (2016): e0152920. https://doi.org/10.1371/journal.pone.0152920.

Ralls, Katherine, P H. Harvey, A. M. Lyles und M. Soulé. „Inbreeding in natural populations of birds and mammals". In *Conservation Biology: The Science of Scarcity and Diversity*, herausgegeben von Michael E. Soulé, 35–56. Sunderland, MA: Sinauer Associates, 1986.

Range, Friederike, Alexandra Kassis, Michael Taborsky, Mónica Boada und Sarah Marshall-Pescini. „Wolves and dogs recruit human partners in the cooperative string-pulling task". *Scientific Reports* 9 (2019): 17591. https://doi.org/10.1038/s41598-019-53632-1.

Range, Friederike, Sarah Marshall-Pescini, Corrina Kratz und Zsófia Virányi. „Wolves lead and dogs follow, but they both cooperate with humans". *Scientific Reports* 9 (2019): 3796.

Riach, Anna C., Rachel Asquith und Melissa L. D. Fallon. „Length of time domestic dogs (*Canis familiaris*) spend smelling urine of gonadectomised and intact conspecifics". *Behavioural Processes* 142 (2017): 138–40. https://pubmed.ncbi.nlm.nih.gov/28689817/.

Ritchie, Euan G., Christopher R. Dickman, Mike Letnic und Abi Tamim Vanak. „Dogs as predators and trophic regulators". In *Free-Ranging Dogs and Wildlife Conservation*, herausgegeben von Matthew Gompper, 55–68. New York: Oxford University Press, 2014.

Robinson, Jacqueline A., Jannikke Räikkönen, Leah M. Vucetich, John A. Vucetich, Rolf O. Peterson, Kirk E. Lohmueller und Robert K. Wayne. „Genomic signatures of extensive inbreeding in Isle Royale wolves, a population on the threshold of extinction". *Science Advances* 5, Nr. 5 (2019).

Rueb. Emily S. und Niraj Chokshi. „Labradoodle Creator Says the Breed Is His Life's Regret". *New York Times*, September 25, 2019. Abruf am 15. April 2020. https://www.nytimes.com/2019/09/25/us/labradoodle-creator-regret.html.

Saetre, Peter, Julia Lindberg, Jennifer A. Leonard, Kerstin Olsson, Ulf Petterssond, Hans Ellegrena, Tomas F. Bergstro, Carles Vila und Elena Jazin. „From wild wolf to domestic dog: gene expression changes in the brain". *Molecular Brain Research* 126 (2004): 198–206.

Salt, Carina, Penelope J. Morris, Derek Wilson, Elizabeth. M. Lund und Alexander J. German. „Association between life span and body condition in neutered client-owned dogs". *Journal of Veterinary Internal Medicine* 33, Nr. 1 (2019): 89–99. https://doi.org/10.1111/jvim.15367.

Samuel, Lydia, Charlotte Arnesen, Andreas. Zedrosser, Frank Rosell. „Fears from the past? The innate ability of dogs to detect predator scents". *Animal Cognition* 23 (2020): 721–29. https://doi.org/10.1007/s10071-020-01379-y.

Sands, Jennifer und Scott Creel. „Social dominance, aggression and faecal glucocorticoid levels in a wild population of wolves, *Canis lupus*". *Animal Behaviour* 67 (2004): 387–96.

Santicchia, Francesca, Claudia Romeo, Nicola Ferrari, Erik Matthysen, Laure Vanlauwed, Lucas A. Wauters und Adriano Martinoli. „The price of being bold? Relationship between personality and endoparasitic infection in a tree squirrel". *Mammalian Biology* 97 (2019): 1–8. https://doi.org/10.1016/j.mambio.2019.04.007.

Sarkar, Rohan, Shubhra Sau und Anindita Bhadra. „Scavengers can be choosers: A study on food preference in free-ranging dogs". *Applied Animal Behaviour Science* 216 (2019): 38–44.

Savolainen, Peter. „Domestication of Dogs". In *The Behavioural Biology of Dogs*, herausgegeben von Per Jensen, 21–37. Oxfordshire, UK: CAB International, 2007.

Scandurra, Anna, Alessandra Alterisio, Anna Di Cosmo und Biagio D'Aniello. „Behavioral and Perceptual Differences between Sexes in Dogs: An Overview". *Animals* 8, Nr. 9 (2018): 151. https://doi.org/10.3390/ani8090151.

Schenkel, Rudolf. „Expressions Studies on Wolves". *Behaviour* 1 (1947): 81–129. http://davemech.org/wolf-news-and-information/schenkels-classic-wolf-behavior-study-available-in-english/. Anmerkung der Übersetzerin: Die deutsche Originalversion dieses Artikels ist unter folgendem Link abrufbar: https://chwolf.org/assets/documents/woelfe-kennenlernen/Int-Publikationen/Ausdrucksstudien-an-woelfen_R-Schenkel_1947.pdf.

Schilthuizin, Menno. *Darwin Comes to Town*. New York: Picador, 2018.

Scott, John Paul und John L. Fuller. *Genetics and the Social Behavior of the Dog*. Chicago: University of Chicago Press, 1965.

Seyle, Hans. *The Stress of Life*. New York: McGraw-Hill, 1978.

Shipman, Pat. *The Invaders: How Humans and Their Dogs Drove Neanderthals to Extinction*. Cambridge, MA: Harvard University Press, 2015.

Shipman, Pat. „What the dingo says about dog domestication". *Anatomical Record* 304 (2021): 19–30. https://doi.org/10.1002/ar.24517.

Sidorovich, V. E., V. P. Stolyarov, N. N. Vorobei, N. V. Ivanova und B. Jędrzejewska. „Litter size, sex ratio and age structure of gray wolves, Canis lupus, in relation to population fluctuations in northern Belarus". *Canadian Journal of Zoology* 85 (2007): 295–300. https://doi.org/10.1139/Z07-001.

Signore, Anthony V., Ying-Zhong Yang, Quan-Yu Yang, Ga Qin, Hideaki Moriyama, Ri-Li Ge, Jay F. Storz. „Adaptive Changes in Hemoglobin Function in High-Altitude Tibetan Canids Were Derived via Gene Conversion and Introgression". *Molecular Biology and Evolution* 36, Nr. 10 (2019): 2227–37. https://doi.org/10.1093/molbev/msz097.

Silk, Matthew J., Michael. A. Cant, Simona Cafazzo, Eugenia Natoli, Robbie. A. McDonald. „Elevated aggression is associated with uncertainty in a network of dog dominance interactions". *Proceedings of the Royal Society B* 286 (2019): 20190536. http://dx.doi.org/10.1098/rspb.2019.0536.

Silva, Karine und Liliana de Sousa. „‚*Canis empathicus*'? A proposal on dogs' capacity to empathize with humans". *Biology Letters* (2011). http://doi.org/10.1098/rsbl.2011.0083.

Smith, Bradley, Herausgeber. *The Dingo Debate: Origins, Behaviour and Conservation*. Collingwood, Australia: CSIRO Publishing, 2015.

Smith, Deborah, Thomas Meier, Eli Geffen, L. David Mech, John W. Burch, Layne G. Adams, Robert K. Wayne. „Is incest common in gray wolf packs?" *Behavioral Ecology* 8 (1997): 384–91.

Sober, Elliot. *The Nature of Selection*. Chicago: University of Chicago Press, 1993.

Špinka, Marek, Ruth C. Newberry und Marc Bekoff. „Mammalian play: Training for the unexpected". *Quarterly Review of Biology* 76 (2001): 141–68.

Spotte, Stephen. *Societies of Wolves and Free-ranging Dogs*. Oxford: Oxford University Press, 2012.

Stearns, Stephen C. *The Evolution of Life Histories*. Cambridge: Cambridge University Press, 1992.

Stearns, Stephen C. „Life-History Tactics: A Review of the Ideas". *Quarterly Review of Biology* 51, Nr. 1 (1976): 3–47.

Stearns, Stephen C. „Trade-offs in life history evolution". *Functional Ecology* 3 (1989): 259–68.

Sumner, Rebecca N., Mathew Tomlinson, Jim Craigon, Gary C. W. England und Richard G. Lea. „Independent and combined effects of diethylhexyl phthalate and polychlorinated biphenyl 153 on sperm quality in the human and dog". *Scientific Reports* 9, Nr. 1 (2019). https://doi.org/10.1038/s41598-019-39913-9.

Swanson, Heather Anne, Marianne Elisabeth Lien und Gro B. Ween, Herausgeberinnen. *Domestication Gone Wild: Politics and Practices of Multispecies Relations*. Durham, NC: Duke University Press, 2018.

Szabo Birgit, Isabel Damas-Moreira und Martin J. Whiting. „Can Cognitive Ability Give Invasive Species the Means to Succeed? A Review of the Evidence". *Frontiers in Ecology and Evolution* (2020): 187. https://doi.org/10.3389/fevo.2020.00187.

Thomson, Jessica E., Sophie S. Hall und Daniel S. Mills. „Evaluation of the relationship between cats and dogs living in the same home". *Journal of Veterinary Behavior* 27 (2018): 35–40.

Turcsán, Borbála, Lisa Wallis, Zsófia Virányi, Friederike Range, Corsin A. Müller, Ludwig Huber, Stefanie Riemer. „Personality traits in companion dogs – Results from the VIDOPET". *PLOS ONE* 13, Nr. 4 (2018): e0195448. https://doi.org/10.1371/journal.pone.0195448.

Turnbull, Jonathan. „Checkpoint dogs: Photovoicing canine companionship in the Chernobyl Exclusion Zone". *Anthropology Today* 36 (2020): 21–24. https://doi.org/10.1111/1467-8322.12620.

Úbeda, Yulán, Sara Ortin, Judy St. Leger, Miquel Llorente und Javier Almunia. „Personality in Captive Killer Whales (*Orcinus orca*): A Rating Approach Based on the Five-Factor Model". *Journal of Comparative Psychology* 133 (2019): 253–61.

Van Lawick-Goodall, Hugo und Jane van Lawick-Goodall. *Innocent Killers*. Boston: Houghton & Mifflin, 1971.

Vanak, Abi Tamim, Christopher R. Dickman, Eduardo A. Silva-Rodríguez, James R. A. Butler und Euan G. Ritchie. „Top-dogs and underdogs: Competition between dogs and sympatric carnivores". In *Free-Ranging Dogs and Wildlife Conservation*, herausgegeben von Matthew E. Gompper, 69–87. Oxford: Oxford University Press, 2014.

Vanak, Abi Tamim und Matthew E. Gompper. „Dogs *Canis familiaris* as carnivores: Their role and function in intraguild competition". *Mammalian Review* 39 (2009): 265–83.

Vanak, Abi Tamim und Matthew E. Gompper. „Interference competition at the landscape level: The effect of free-ranging dogs on a native mesocarnivore". *Journal of Applied Ecology* 47 (2010): 1225–32.

Vanak, Abi Tamim und Matthew E. Gompper. „Dietary niche separation between sympatric free-ranging domestic dogs and Indian foxes in central India". *Journal of Mammalogy* 90 (2009): 1058–65.

Vilà, Carles und Jennifer A. Leonard. „Origin of Dog Breed Diversity". In *The Behavioural Biology of Dogs*, herausgegeben von Per Jensen, 38–58. Oxfordshire, UK: CAB International, 2007.

Vindas, Marco A., Marnix Gorissen, Erik Höglund, Gert Flik, Valentina Tronci, Børge Damsgård, Per-Ove Thörnqvist, Tom O. Nilsen, Svante Winberg, Øyvind Øverli und Lars O. E. Ebbesson. „How do individuals cope with stress? Behavioural, physiological and neuronal differences between proactive and reactive coping styles in fish". *Journal of Experimental Biology* 220 (2017): 1524–32. https://doi.org/10.1242/jeb.153213.

Vonholdt, Bridgett M., Daniel. R. Stahler, Douglas W. Smith, Dent A. Earl, John. P. Pollinger und Robert K. Wayne. „The genealogy and genetic viability of reintroduced Yellowstone grey wolves". *Molecular Ecology* 17, Nr. 1 (2008): 252–74.

Wallace-Wells, David. *The Uninhabitable Earth – Life after Warming*. New York: Tim Duggan Books, 2019.
Anmerkung der Übersetzerin: Dieses Buch ist auf Deutsch unter dem Titel *Die unbewohnbare Erde: Leben nach der Erderwärmung* im Heyne-Verlag erschienen (2019).

Walsh, Bryan. *End Times: A Brief Guide to the End of the World*. New York: Hachette Books, 2019.

Wang, Xiaoming und Richard H. Tedford. „Evolutionary History of Canids". In *The Behavioural Biology of Dogs*, herausgegeben von Per Jensen, 3–20. Oxfordshire, UK: CAB International, 2007.

Wayne, Robert K. und Stephen J. O'Brien. „Allozyme divergence within the Canidae". *Systematic Zoology* 36 (1987): 339–55.

Weisman, Alan. *The World without Us*. New York: St. Martin's Press, 2007.
Anmerkung der Übersetzerin: Dieses Buch ist auf Deutsch unter dem Titel *Die Welt ohne uns: Reise über eine unbevölkerte Erde. Faszinierendes Zukunftsszenario über eine Welt ohne Menschen* im Piper-Verlag erschienen (2009).

Weiss, Alexander. „Personality Traits: A View from the Animal Kingdom". *Journal of Personality* 86 (2018): 12–22.

West-Eberhard, Mary Jane. „Phenotypic Plasticity". *Encyclopedia of Ecology* (2008): 2701–7.

Wheat, Christina Hansen, John L. Fitzpatrick, Björn Rogell und Hans Temrin. „Behavioural correlations of the domestication syndrome are decoupled in modern dog breeds". *Nature Communications* 10 (2019): 2422.

Wiley, R. Haven, „Social Structure and Individual Ontogenies: Problems of Description, Mechanism and Evolution". In *Perspectives in Ethology*, herausgegeben von P. P. G. Bateson und P. H. Klopfer, 105–33. Boston: Springer, 1981.

Wilkins, Adam S., Richard W. Wrangham und W. Tecumseh Fitch. „The ‚Domestication Syndrome' in Mammals: A Unified Explanation Based on Neural Crest Cell Behavior and Genetics". *Genetics* 197, Nr. 3 (2014): 795–808. https://doi.org/10.1534/genetics.114.165423.

Wolf, Max und Franz. J. Weissing, „Animal personalities: consequences for ecology and evolution". *Trends Ecology and Evolution* 27 (2012): 452–61.

Woodyatt, Amy. „Is it a dog or is it a wolf? 18,000-year-old frozen puppy leaves scientists baffled". CNN, 27. November 2019. Abruf am 14. April 2020. https://www.cnn.com/travel/article/frozen-puppy-intl-scli-scn/index.html.

Worboys, Michael, Julia-Marie Strange und Neil Pemberton. *The Invention of the Modern Dog: Breed and Blood in Victorian Britain*. Baltimore: Johns Hopkins University Press, 2018.

Young, Julie K., Kirk A. Olson, Richard P. Reading, Sukh Amgalanbaatar und Joel Berger. „Is Wildlife Going to the Dogs? Impacts of Feral and Free-roaming Dogs on Wildlife Populations". *BioScience* 61 (2011): 125–32. https://academic.oup.com/bioscience/article/61/2/125/242696.

Index

F

G

H

I

J

K

Das könnte Sie auch interessieren:

Marc Bekoff

Feldstudien auf der Hundewiese

So sehr wir unsere Hunde auch mögen und umsorgen: Vieles von ihrem Verhalten bleibt uns oft rätselhaft. Warum wälzen sie sich gern in stinkendem Unrat? Warum spielen sie mit dem einen Kumpel ausgelassen Nachjagen, während sie sich vor dem anderen ängstlich auf den Rücken werfen? Warum spiegeln Hunde so oft das Verhalten ihrer Besitzer? Was geht in den Köpfen unserer Hunde vor – und wie viel davon können wir verstehen?

Fast alle Antworten auf diese und viele weitere Fragen finden sich auf Marc Bekoffs liebstem Beobachtungsgebiet – der Hundewiese. Der preisgekrönte Wissenschaftler und Autor lädt uns ein, mit ihm zusammen einmal Feldforschung vor der eigenen Haustür zu betreiben und das genaue Hinsehen zu lernen – auf die Hunde, aber auch auf die Menschen, die mit ihnen umgehen. In augenzwinkerndem Plauderton bringt er uns mühelos komplexe Zusammenhänge und die neuesten Erkenntnisse aus der Forschung zu Verhalten und Intelligenz von Hunden nah.

So viel Spaß hat Verhaltensforschung noch nie gemacht: Werden Sie unter Bekoffs erfahrener Anleitung selbst einmal zum Hobby-Ethologen und lernen Sie Ihren Hund noch besser verstehen, respektieren und schätzen!

Hardcover, 296 Seiten, s/w
ISBN 978-3-95464-167-3

Stefan Kirchhoff

Streuner!
Straßenhunde in Europa

Drei Monate lang war Stefan Kirchhoff mit seinem VW-Bus und seiner Kameraausrüstung über 8000 km weit in Süd- und Südosteuropa unterwegs, um das Leben der Straßenhunde zu dokumentieren.
Den gelernten Tierpfleger und Tierheimleiter, der beruflich stets sehr viel mit Auslandshunden zu tun hatte, interessierte dabei vor allem, wie die Streuner jenseits reißerischer Negativ- und Mitleidsberichte tatsächlich leben, wie sie sich verhalten und sozial organisieren, wie sie Probleme lösen und Überlebensstrategien entwickeln. Damit eröffnen sie uns neue Erkenntnisse darüber, was ein Hund eigentlich den ganzen Tag lang so tun dürfte, wenn er sein eigenes Leben führen dürfte – ein hochinteressanter Punkt, der von der Verhaltensforschung bisher kaum berücksichtigt wurde.

Kirchhoffs Beobachtungen helfen Besitzern von aus dem Ausland vermittelten Tierschutzhunden außerdem, die mögliche Vergangenheit ihrer Tiere kennenzulernen und damit ihr Wesen besser zu verstehen.
Der Hund, wie er in dieser Form noch nie beobachtet und fotografiert wurde –entdecken Sie mit diesem Buch die noch eher unbekannten Seiten von Canis familiaris!

Hardcover, 208 Seiten, 195 Fotos
ISBN 978-3-95464-025-6

Raymond Coppinger & Mark Feinstein

Die Ethologie der Hunde

Coppinger und Feinstein betrachten Hunde in diesem Werk mit dem unbestechlichen Blick der Wissenschaft als biologische Spezies anstatt als kuscheliges Haustier.
Sie fassen Jahrzehnte der Forschung und Feldexperimente auf allgemeinverständliche Art und Weise zusammen, um die evolutionären Grundlagen zu erklären, die dem Verhalten unserer Hunde zugrunde liegen.
Sie untersuchen die Fragen, wie der physische Körper (einschließlich Genen und Gehirn) in den unterschiedlichen äußeren Gestalten Verhalten beeinflusst, wie sich dies über die Zeit entwickelt hat, warum Hunde spielen oder bellen, wie sie sich ernähren, wie es um ihre Verstandesleistungen bestellt ist oder welche Bedeutung die frühe Beziehung zwischen Mutterhündin und Welpen hat.

Ein Grundlagenwerk für alle, die Hundeverhalten besser verstehen möchten.

Hardcover, 280 Seiten
ISBN 978-3-95464-163-5

Kynos